KB067357

지구 이웃과 함께하는

40일 묵상 여행

지구 이웃과 함께하는
40일 묵상 여행

2020년 2월 12일 초판 1쇄 인쇄
2020년 2월 19일 초판 1쇄 발행

지 은 이 | 남호주연합교회
펴 낸 이 | 김영호
펴 낸 곳 | 도서출판 동연
등 록 | 제1-1383호(1992. 6. 12)
주 소 | 서울시 마포구 월드컵로 163-3
전 화 | (02)335-2630
전 송 | (02)335-2640
이 메 일 | yh4321@gmail.com

ISBN 978-89-6447-554-6 03400

기후위기와 살림시리즈 1

지구 이웃과 함께하는

40일 묵상 여행

남호주연합교회 지음
기독교환경교육센터 엮어 씀

동연

지구 이웃과 함께하는 40일 말씀 묵상 여행집 소개

지구가 그 어느 때보다 크게 신음하고 있습니다. 하나님의 창조를 양육하고 돌봐야 할 책임과 마지막 기회가 우리에게 부여되어 있습니다.

이 자료는 남호주 연합교회의 평신도 과학자들과 목회자들로 구성된 환경 행동그룹 (Environment Action Group)이 개발하여 올해 2월부터 무료로 보급한 앱인 "Just Earth"에 포함된 내용을 번역한 것으로 사순절 40일 동안 묵상과 실천을 할 수 있도록 만들어져 있습니다. 단 하나뿐인 우리의 집, 지구를 묵상하며 기도하고 행동하려는 이들에게 잘 활용되어 신음하는 지구가 이 땅의 모든 생명들로 골고루 풍성한 삶을 살게 할 수 있기를 소망합니다.

자료 번역은 김기석 총장님(성공회대학교)과 유미호 센터장(살림)이 공동 진행한 성공회대 신학대학원의 '창조보전과 생태사상' 수업에서 계희지, 곽무호, 김성완, 박준헌, 안소망, 안효민, 이세희, 이영직, 정근재 님이 토론을 위해 각자 맡은 부분을 번역, 발표한 것을 수정, 보완하여 자료화한 것입니다.

다듬는 일로 수고해주신 안소망, 고유경 님 그리고 수업을 하며 함께 나눌 수 있게 해주신 김기석 총장님께 감사의 마음을 전합니다.

2019. 10. 23.

기독교환경교육센터 살림

발간사

보석과 같은 자료집이 나왔습니다.

우리는 하나님의 피조세계가 파괴되고 계속 망가지고 있다는 소식을 매일같이 듣고 있습니다. 하지만 우리는 이 두려운 소식을 두려움으로 받아들이지를 않고 있습니다. 기후위기로 생태 위기가 고조되는 상황에서도 여전히 그리스도인들은 생태 위기를 신앙의 본질적인 문제로 선뜻 받아들이지를 못하고 있습니다.

환경문제를 정치 경제적인 분야로, 혹은 사회 운동의 영역으로만 생각하는 경향이 아직도 교회 안에는 남아있습니다. 하지만 성경은 하나님이 창조하신 피조세계에 대해 하나님의 창조물을 양육하고 돌보아야 할 책임이 하나님의 자녀들에게 있다는 것을 분명히 하고 있습니다.

〈지구이웃과 함께하는 40일 묵상여행〉은 하나님께서 귀하게 사용하시는 일꾼들을 통해 보내주시는 하나님의 아름다운 선물 보따리입니다. 이 자료집은 원래 '남호주연합교회'에서 2019년 사순절 40일 묵상자료

집으로 나온 것을 번역한 것입니다. 이 자료집은 환경생태 문제를 뉴스와 정보가 아닌 말씀과 깊은 영성의 문제로 바라보도록 우리를 인도할 것입니다.

이 '40일 묵상여행집'은 말씀을 찬찬히 읽고, 상황을 돌아보고, 물음 앞에 섬으로 마음에 새기고, 작은 행동을 실천하고, 기도하도록 구성되었습니다.

〈묵상 여행집〉이 인도하는 40일간의 이 여정을 충실히 따라가 본다면 참 좋겠습니다. 그리하여 하나님께서 주신 '공동의 집'을 위해 우리의 삶의 모습을 어떻게 가져야 할지를 새롭게 가다듬을 수 있기를 바랍니다.

이광섭 목사 (기독교환경교육센타 이사장, 전농감리교회)

추천사

'바로 지구, 올바른 지구' 묵상집의 번역출판을 기뻐하며,

지구를 구하는 연대에 참여를 기대합니다.

전 세계적으로 약 1억 명의 신자를 포함하는 세계성공회는 오늘날 기독교 신앙의 다섯가지 선교지표를 정하여 지키고 있습니다. 그중에 하나는 "창조질서 보존을 위해 분투한다"입니다. 성공회대학교 신학대학원의 '창조보전과 생태사상' 수업은 바로 이와 같은 선교적 사명에 부응하여 개설되었습니다. 다가오는 기후변화의 시대에 목회를 감당하려면 반드시 창조질서 보전의 중요성을 인식해야 합니다. 하나님께서 축복하신 생명을 보호하고 지구에서 함께 더불어 살아가기 위한 생태적 감수성을 지녀야 한다고 생각합니다.

지난 수년간 이 수업을 진행하였는데 부족하기 짝이 없는 제가 성공회대의 총장직을 맡게 됨에 따라 이 수업의 진행을 유미호 선생님께 부탁하였습니다. 유미호 선생님은 지난 수십년 동안 기독교환경운동연대와 교회환경연구소를 지키며 환경문제 연구와 환경운동을 자신의 삶 속에 온전히 녹여내셨습니다. 주위를 둘러보면 학자도 많고 운동가도 많지만, 학문과 운동을 통전적으로 실천해온 분은 많지 않습니다. 뿐만 아니라 환경, 생태 문제를 기독교 신앙의 관점에서 접근하여 미래의 목회자들에게 창조질서 보전의 사명을 가르치기에 가장 합당한 선생님이십니다. 유미호 선생님을 모시고 한 학기 동안 수업에 참여한 학생들은 참으로 좋은 복을 받았고 깊은 깨우침을 얻었습니다.

한 학기 수업으로 끝마치지 않고 학생들과 더불어 '바로 지구', 혹은 '올바른 지구' 묵상집을 번역하여 출판함을 크게 기뻐하며 축하합니다. 우리 앞에 뚜벅뚜벅 다가오는 '기후변화'라는 괴물은 국가나 기관의 힘만으로는 막을 수 없습니다. 왜냐하면 그 괴물을 불러들인 근본적인 이유는 바로 우리 개개인의 마음 속에 도사리고 있는 욕망이기 때문입니다. 따라서 우리가 창조질서를 순응하는 영성으로 거듭나야만 이 위기를 극복할 수 있습니다. 이런 의미에서 '지구를 구하는 탄소금식 묵상집'이 매우 중요합니다. 모든 크리스천과 시민들이 이 묵상집을 통해 지구를 구하는 연대에 함께 참여하게 되기를 기대합니다.

고맙습니다.

김기석 (사제, 성공회대학교 총장)

차 례

1일차 지구는 내 것이라!

읽기

시편 50:10~12

숲 속의 뭇 짐승이 다 내 것이요. 산 위의 많은 가축들이 다 내 것이 아니냐? 공중의 저 새들도 다 내 마음에 새겨져 있고, 들에서 우글거리는 생명들도 다 내 손안에 있다. 이 땅이 내 것이요 땅에 가득한 것도 내 것인데, 내가 배고픈들 너희에게 달라고 하겠느냐?

"세상을 바라보는 방식이 그것을 대하는 방식까지 결정짓습니다. 만약 산은 신성한 것이고 단순한 광석 더미가 아니라면, 만약 강물이 땅의 혈관이고 개발 가능한 관개용수가 아니라면, 만약 산림이 신성한 수풀이고 목재가 아니라면, 만약 다른 생물 종이 우리의 생물학적 친족이고 식량자원이 아니라면, 혹은 지구가 우리의 어머니고 우연한 곳이 아니라면... 그렇다면 우리는 더 큰 존경심을 가지고 서로를 대할 것입니다. 이것이 도전과제입니다. 즉 세상을 다른 시각으로 바라보는 것입니다."

– 데이빗 스즈키(David Suzuki)

영화 〈죽은 시인의 사회〉를 기억하십니까? 영화 중에 선생님이 교탁 위에 서서, 모든 학생들에게 그들 책상에 올라가 다른 시각으로 세상을 생각하도록 요구하는 인상적인 장면이 있습니다. 만일 생명을 '우리의' 시각으로만 바라본다면, 그 핵심과 풍요로움을 아주 놓치게 됩니다.

우리가 지닌 토속적 영성은 창조물—즉 산림, 산맥, 들판, 수많은 구름들—을 살아있는 것으로 묘사합니다. 창조물은 창조주의 영을 드러내며, 창조주 영의 소유입니다.

우리가 할 일은 내면의 눈을 뜨고 생명을 다른 관점으로 보는 것입니다.

인용

만약 모든 인류가 사라진다면, 세상은 1만 년 전의 풍부한 평온의 상태로 재생될 것이다. 곤충들이 사라진다면, 환경은 혼돈의 상태로 붕괴될 것이다.

– 에드워드 윌슨(Edward O Wilson)

우리는 모든 살아있는 존재뿐만이 아니라, 지구상의 모든 구성요소와 힘과 연계되어 있다.

– 노먼 하벨(Norman Habel)

우리는 방대한 땅을 온갖 생명이 거주하기 힘든 곳으로 만들어 버렸고, 현재도 생태학적인 '아마겟돈'을 향해 나아가는 중이다. 곤충이 소멸된다면 모든 것은 무너질 것이다.

– 데이빗 굴슨(David Goullson)

지금까지 우리가 알아온 번영이라는 것은 지구의 회복 불가능한 자원을 급속히 소모한 결과물이다.

– 앨더스 헉슬리(Aldous Huxley)

행동

당신이 이용하는 자선단체나 사업체에게 연락하여 요청의 글이나 통지문을 종이 형태로 보내지 말라고 전하시오.

기도

나무의 휘파람 해거름에 있고
대지의 노래는 여명에 있어,
영을 소생시키는 소리되게 하소서.
찢긴 가슴 다시 싸매는 축복되게 하소서.

– 빌헬름 하벨(Wilhelm Habel)

사랑의 하나님
세상을 망가뜨려
죄송해요.

바다를 오염시키고
해마다 기름을 쏟아

죄송해요.

자동차 매연,

산성비와 그로 인한 피해

죄송해요.

동물과 그들 집을 없애버렸고,

길가에는 쓰레기 널렸으니

죄송해요.

우리가 이 세상을 더 나은 곳으로 만들 수 있도록 도와주세요.

– 제럴딘 머피(Geraldine Murphy), 10세

2일차 성령이 이 땅에

읽기

창세기 12:7

야훼께서 아브람에게 나타나시어 "내가 이 땅을 네 자손에게 주리라." 하셨다. 아브람은 야훼께서 자기에게 나타나셨던 그 자리에 제단을 쌓아 야훼께 바쳤다.

구약성경에서 보여주는 땅에 대한 우세한 견해는 땅은 선물이라는 것입니다. 이 놀라운 선물을 놓고 얼마나 많은 전쟁을 치렀으며, 얼마나 많은 유산과 생명을 잃었습니까?

호주의 원주민들은 땅과 인간이 매우 밀접하고 독특한 관계라고 생각합니다. 쉐리 발콤(Sherry Balcombe)은 다음과 같이 표현했습니다. "우리는 이 땅의 영(Spirit)으로 태어났고, 이 땅은 우리가 잉

태된 곳이며, 우리의 집이며 우리가 속한 곳입니다. 지구는 우리 어머니이며, 이는 지구에 대한 가장 알맞은 표현입니다. 우리는 창조주의 영, 하나님과 깊은 관계가 있습니다. 우리는 항상 어머니인 지구를 존경하고 보호해야 합니다. 이것은 인종의 생존문제와 지구를 우리 어머니로 만드신 창조주이신 성령과 관계가 있습니다."

"...땅은 살아있다고 생각합니다. 땅은 우리 모두에게 깊은 신성함을 전합니다. 땅은 거룩한 것입니다. 우리의 송라인(Song lines: 오스트레일리아 원주민의 '꿈의 발자취'로 여겨져 온 보이지 않는 길로서 하나의 노래형식. 땅을 묘사하는 노래형식으로 수백 킬로미터가 떨어진 곳도 찾아갈 수 있도록 음악 속에 그린 지도.) 꿈, 과거, 현재 그리고 미래가 이 땅과 깊이 얽혀 있습니다. 이 땅은 수천 년 동안 우리를 지탱하고 이끌어 온 가족입니다."

이 원주민들의 문화와 같이 신성한 것의 강한 의미를 서양문화는 소홀히 여기는 경향이 있습니다.

당신의 문화에서 신성한 것은 무엇입니까?

어떻게 하면 우리는 삶과 생활방식에서 우리를 지탱하고 이끌어 줄 신성함을 회복하고 성장시킬 수 있습니까?

인용

창조물은 하나님이 우리에게 준 멋진 선물이다. 그래서 우리는 그것을 아끼고 항상 큰 존경과 감사를 가지고 만인의 이익을 위해 그것을 사용해야 한다.

– **프란치스코 교황**(Pope Francis)

우리는 토착 여성들과 토착민으로서 기후변화를 막고 적응하기 위해 우리의 지식을 고려하는 것이 중요하다고 믿는다. 왜냐하면 지역사회는 방법을 아는 사람들의 집단이기 때문이다.

– **타르실라 리베라**(Tarcila Rivera)

지구의 가장 좋은 점은 구멍을 뚫으면 기름과 가스가 나온다는 것이다.

– **스티브 스톡맨**(Steve Stockman, 미국 공화당 하원의원)

만물에 있는 하나님을 깨달으라. 하나님은 만물에 계시기 때문이다. 모든 피조물은 하나님으로 가득 차 있고 하나님에 관한 책이다. 모든 피조물은 하나님의 말씀이다.

– 마이스터 에크하트(Meister Eckhart)

행동

정원에서 더 많은 토종 식물을 재배하여 물 사용량을 줄이고 새, 나비와 곤충에게도 먹이를 제공해 주세요.

기도

창조주 하나님,
우리로 찬미와 감사를 깨닫게 하소서.
우리에게 현존하는 모든 것과 친밀함을 느낄 수 있는
은총을 주시고,
당신처럼 관심을 가질 수 있는 연민을 갖게 하소서.
아멘.

오, 독수리여, 맑은 하늘에 날개를 활짝 펴고 오라.

오, 독수리여, 와서 우리에게 평화를 가져다 주오,
당신의 온화한 평화를.
오, 독수리여, 와서 기도하는 우리에게 새로운 생명을 주오.

하늘의 원을 기억하라.
별과 갈색 독수리와 태양의 위대한 생명,
둥지 안의 어린 생명을 기억하라.
만물의 신성함을 기억하라.

- 파우니족의 기도

3일차 만물아 주님을 찬양하라

읽기

시편 98:7~9

바다도, 그 속에 가득한 것들도, 땅도, 그 위에 사는 것들도 모두 환성을 올려라. 물결은 손뼉을 치고 산들은 다 같이 환성을 올려라. 야훼 앞에서 환성을 올려라. 세상을 다스리러 오신다. 온 세상을 올바르게 다스리시고 만백성을 공정하게 다스리시리라.

종종, 공기가 선선하고 잔디는 빛나며 하늘이 선명하게 느껴지는 전율의 순간들이 있습니다.

우리를 둘러싼 세상의 기쁨이 그 존재 자체로 드러나고 있음에 발길을 멈추고 놀랄 때도 있습니다. 그것은 마치 이 온 땅이 해악으로부터의 구원을 얻었음에 하나님께 찬양의 노래를 터뜨리는 것과 같습니다.

그렇다면 바다의 온도가 상승하고, 대양에는 플라스틱 더미가 표류하고 강물은 마르고 빙하는 녹고 산들은 벌거숭이가 되는 상황에서, 어떻게 바다는 계속 화답하고 강물은 손뼉을 치며 산들은 노래할 수 있단 말입니까?

시편이 말하는 지침에 따르자면, 후세대로부터 우리는 어떻게 평가를 받을까요?

우리 중 누가 올바르고 공정한 백성이란 말입니까?

인용

산과 강물 모두 살아있는 것이라는 자각이 필요하다. 하늘과 해 그리고 달과 구름 모두가 인간을 치유하고 유지시키는 성스러운 존재를 이루고 있으며, 물리적 유익만큼이나 심리적 일체감을 필요로 한다.

– 토마스 베리(Thomas Berry)

과거에 교회는 그렇게들 행동했다. 가령, 노예제를 찬성할 때처럼.

물론 만장일치로 그런 것은 아니었다. 이제 우리는 노예를 소유했거나, 해방을 반대했던 기독인들을 되돌아보며, 어떻게 그렇게 행동할 수 있었는지 의아하게 생각한다. 우리 후손들도 우리가 환경을 어떻게 취급하는지에 대해 비슷한 판단을 내릴 것이다.

– **폴 쿡**(Paul Cook)

인간의 모든 제도, 직업, 프로그램 그리고 활동은 상호간에 증진되는 인간과 지구와의 관계성을 억제하고 무시했는지 아니면 잘 조성했는지의 정도에 따라 우선 판단될 것이다.

– **웬델 베리**(Wendell Berry)

우리는 지구를 별무리 중 하나나 임시적인 거처 정도로 당연히 받아들여 왔다.

– **노먼 하벨**(Norman Habel)

행동

분기별로 하루씩 육류 섭취가 없는 날을 늘려보세요.

기도

놀라우신 하나님.

당신의 지구

그 위엄에 감사하나이다.

나무와 강 그리고 초목들을

당신이 지으신 줄 압니다.

당신께서 우리에게 명하신 대로

그것들을 돌보지 못했음을 고백하나이다.

오늘 우리가 느끼는 이 미풍이

우리의 공동의 집을 생각하게 하는

부드러운 신호가 되게 하소서.

아멘.

4일차 모든 것은 연결되어 있습니다

읽기

창세기 8:22

땅이 있는 한, 뿌리는 때와 거두는 때, 추위와 더위, 여름과 겨울, 밤과 낮이 쉬지 않고 오리라.

모든 창조물은 거대한 하나의 유기체처럼 모든 다른 창조물들과 연결되어 있습니다.

고립되어 있는 것은 아무것도 없습니다.

한 창조물의 변화는 다른 창조물에게 영향을 미칩니다.

우리가 창조의 한 부분을 손상시키면 우리는 전체 창조물을 손상시키는 것입니다. 모든 종류의 식물 또는 동물, 곤충 또는 미생물은 창조의 생태계에서 특정 역할을 합니다.

창조의 생태계에서 가장 진화된 종인 인간은 포식자나 약탈자가 되어서는 안 되며, 모든 창조물을 돌봐야 할 특별한 책임을 가지고 있습니다.

인용

우리는 우리의 어리석음에서 깨어나 정의를 향해 힘차게 일어설 것이다. 만약 우리가 창조를 더 깊게 사랑하게 된다면, 우리는 그것의 위기에 열정적으로 대처할 것이다.

– 성녀 힐데가르트 폰 빙엔(Hildegard of Bingen)

우리가 행동하지 않으면, 우리의 문명과 자연세계의 많은 부분의 붕괴는 곧 일어날 것이다.

– 데이비드 애튼버러(David Attenborough)

지구는 호모 사피엔스 출현 이후 가장 위험한 상황에 처해 있다.

– 맥스 위슨(Max Whisson)

유일한 해결책은 기독교 신앙을 죄의 구원이라는 근시안에서 벗어나 광범위한 역사적, 생태적 맥락으로 바라보는 것이다.

– 폴 콜린스(Paul Collins)

행동

운전할 때마다, 가능한 많은 일을 수행하여 주행거리를 줄이십시오.

기도

창조의 하나님,

당신은 밤과 낮을 창조하셨습니다.

당신은 하늘과 바다를 나누셨습니다.

당신은 모든 살아있는 피조물에게 생명을 주셨고

그것이 보시기에 좋았다고 하셨습니다.

우리가 당신의 창조의 위엄에

다시 연결되게 하소서.

- 호주 카리타스(Caritas Australia)

5일차 은혜와 정의의 기초

읽기

사무엘상 2:8

땅바닥에 쓰러진 천민을 일으켜 세우시며 잿더미에 뒹구는 빈민을 들어 높이셔서 귀인들과 한자리에 앉혀주시고 영광스러운 자리를 차지하게 하신다. 땅의 밑동은 야훼의 것, 그 위에 세상을 지으셨으니

신약성서에 나오는 여성들의 아름다운 기도문(엘리사벳, 마리아)과 마찬가지로, 하나님의 은혜로 아이를 낳게 된 한나의 순수한 기쁨은 가난한 자들과 내버려진 자들을 위한 하나님의 정의와 비전과 직접적으로 연결됩니다.

때로 우리는 복음과 사회정의 간의 연결이 1970년대에야 '발견되었다'라고 생각하기 쉽습니다.

사무엘이 태어났을 때, 그 모친은 가난한 이들과 내버려진 자들의 궁핍함에 대한 연결점을 세계창조의 가장 큰 원리를 지닌 근본적인 것으로 보았습니다.

가난한 이들을 돌보는 것은 마치 하나님 창조의 기본 원리처럼 튼튼한 기초 위에 세워진 하나님의 원리입니다.

우리가 창조라는 직물을 찢고 있는 상황에서, 물론, 가장 먼저 그리고 가장 심하게 고통받는 이들은 가난한 이들과 내버려진 이들입니다.

이제 우리는 창조의 돌봄과 공의는 뗄 수 없을 정도로 서로 연결되어있음을 새로 발견하게 됩니다. 우리 자신과 모든 창조의 온전함을 위해 하나님께서 우리 개개인의 삶을 연결해 주시기를 기도합니다.

인용

우리는 환경적이거나 사회적인 위기를 둘로 분리하여 대하지 않고, 사회적이고 환경적이라는 하나의 복합적 위기로 대한다. 해결을 위한 전략으로는, 가난과 싸우고 있는 힘없는 이들의 자존감을 회복시키고, 그와 동시에 자연을 보호하는 총체적 접근이 요구된다.

– 프란치스코 교황(Pope Francis)

우리와 그들이 살고 있는 환경을 돌보지 않고서 인간 형제자매들을 돌본다는 것은 불가능하다.

– 에드워드 R. 브라운(Edward R. Brown)

쥐와 바퀴벌레는 수요와 공급이라는 자연법칙 아래 경쟁을 벌이며 살고 있다. 한편, 공의와 자비의 법칙 아래 살아가는 것은 인간의 특권이다.

– 웬델 베리(Wendell Berry)

환경운동의 일부인 수많은 사람들은 교회가 이 문제점에 대하여 침묵해왔기 때문에 복음을 거부하였다.

– 크레이그 솔리(Craig Sorley)

지구에 대한 점령과 파괴적 관계는 성, 계급 그리고 인종차별과 연결되어있다. 그렇기에 지구에 대한 치유의 관계성은 단지 기술적인 '수리'만으로 해결될 수 없다. 남성과 여성 간, 인종과 국가 간에,

삶의 수단에 접근하는 큰 격차가 자명한, 현재 사회적으로 계층화된 집단들 간에 정의와 사랑의 관계를 사회적으로 재정립하는 것이 필요하다.
간단히 말해, 우리가 '환경-정의'를 이야기해야 한다는 것이다. 마치 지구에 대한 다스림이 사회적 우위와 무관하게 발생하는 문제가 아닌 것처럼.

- 로즈매리 래드포드 루에터(Rosemary Radford Ruether)

행동

인터넷이나 요리책에서 훌륭한 채식 레시피를 찾아서 그것을 사용해 보세요!

기도

자애로우신 하나님,

지금 고통받는 이들과,

또한 환경에 대한 우리의 무책임함으로 인해

고통받을 미래 세대와의 연대감을

우리 안에 심어 주소서.

이익에 앞서 사람을 보게 하시고

'소유'에 앞서 '존재'를 보게 하소서.

아멘.

6일차 마음가짐이 전제된 행동

읽기

빌립보서 2:5~8

여러분은 그리스도 예수께서 지니셨던 마음을 여러분의 마음으로 간직하십시오. 그리스도 예수는 하나님과 본질이 같은 분이셨지만 굳이 하나님과 동등한 존재가 되려 하지 않으시고 오히려 당신의 것을 다 내어 놓고 종의 신분을 취하셔서 우리와 똑같은 인간이 되셨습니다. 이렇게 인간의 모습으로 나타나 당신 자신을 낮추셔서 죽기까지, 아니, 십자가에 달려서 죽기까지 순종하셨습니다.

당신이 가져야 할 마음가짐은... 대상을 인식하는 방식이 대상과 관계하는 방식(이용하거나 존중하고 보존하는 방식)을 결정한다는 것입니다.

마음가짐은 행동보다 우선합니다.

폴 생귄(Paul Sanguin)은 저서『다윈, 신성과 우주의 춤』에서 다음과 같이 표현합니다.

"우리는 우리 자신이 '저기 밖에' 세상을 내다보는 '여기 안에' 있다고 상상합니다."

"이 이원론은 지구가 우리의 소유라는 생각을 하도록 해왔지만, 생명의 영적 진실이 모든 상상할 수 있는 방식 안에 있을 때, 우리는 지구에 속하게 됩니다."

"우리가 지구를 우리 소유라고 생각하고, 우리로부터 분리된 것으로 느낀다면, 지구를 물건처럼 여기고 상품화하게 되며, 숲을 보고 목제의 규격만을 생각하게 됩니다."

"알비노 무스(albino moose)를 소총의 조준경을 통해 보는 것은 경외할만한 신성한 창조물로 보지 못하고 벽에 매달릴 뿔 한 쌍으로 보는 것입니다. 이 이야기는 우리 친구들에게 들려줄 이야기입니다."

당신의 보살핌과 헌신이 필요한 것은 무엇이라고 생각하십니까?

인용

얼마 전에 퇴역군인인 푸줏간 주인과 이야기를 나누었는데, 그 역시 도축에 대한 나의 동정심에 놀라며 그것이 그들의 운명이라고 말했다. 그렇지만 후에 그는 내 말에 동의했다. "특히 온순하고 길들여진 것들이 들어올 때면 더 불쌍합니다. 그들이 불쌍하다는 당신의 말에 동의합니다!" 동물들의 고통과 죽음이 아니라, 인간이 부적절하게 자기 자신을, 자신의 높은 영적 능력—자신과 같이 살아있는 생명에 대한 동정과 연민—을, 자신의 감정을 침해하며 억압하는 것이 잔인하다.

– 레오 톨스토이(Leo Tolstoy)

모두들 세상을 변화시키는 것을 생각하기에 여기서 우리는 어려움을 겪습니다. 과연 자신을 변화시키는 것을 생각하는 사람은 어디에 있습니까?

– 리처드 포스터(Richard Foster)

우리가 변화한다고 좋아질 것이라고 말할 순 없지만, 좋아질 수 있다면 우리는 변화해야 한다고 말할 수 있다.

– **게오르그 크리스토프 리히텐베르그**(Georg Christoph Lichtenberg)

숭고한 대의를 위해 노력하지 않고, 이 혼란스러운 세상을 우리가 후세에 살아갈 사람들에게 더 나은 곳으로 만들기 위해 산다는 것이 무슨 소용이 있겠는가?

– **윈스턴 처칠**(Winston Churchill)

행동

상점에 가위를 가지고 가서 비닐봉투를 잘라 상점의 계산대에 맡기십시오!

기도

하나님, 우리가 변화되도록 도우소서.

우리 자신을 변화시키고

우리의 세계를 변화시키소서.

변화가 필요함을 알게 하소서.
변화의 고통과 함께하게 하소서.
변화의 기쁨을 느끼게 하소서.
도착지를 생각하지 않고서도
여정을 시작하게 하소서.

이것이 온화한 혁명의 기술입니다.
아멘.

– 마이클 루닉(Michael Leunig)

7일차 거류민과 이방인

읽기

레위기 25:23

땅은 아주 팔아 넘기는 것이 아니다. 땅은 내 것이요, 너희는 나에게 몸 붙여 사는 식객에 불과하다.

이 구절이 강조하는 내용은 우리 시대에 있어서 얼마나 도움이 되고, 바로 잡아주는 개념인지요!

너무나 자주 그리고 너무나 쉽게 우리는 우리 존재가 늘 존재할 것 같고 결코 파괴될 수 없다고 생각합니다. 하지만 현실을 보면, 우리는 실제로 거류민—또는 이방인—에 불과합니다. 오늘은 이곳에 있지만 내일은 사라집니다.

반면, 땅은 모든 시대 모든 형태의 생명을 위한 삶의 근원으로 남아있습니다.

땅은 하나님께 속해 있고, 이스라엘 백성들이 거기 거주한 것은 언제나 하나님의 은총과 선하심으로 인한 것이었습니다. 따라서 고대 히브리인 농부란, 그 삶과 작업이 궁극적으로 땅의 주인이 자주님이신 하나님을 위한 사역 속에 있는 소작농에 불과한 것입니다.

우리는 모든 살아있는 창조세계와 동반자로서 삶의 여정을 나누기보다 식물이나 동물의 삶 위에 우리 자신을 두려고 했습니다. 우리는 하나님의 인자하신 선물인, 이 깨지기 쉽고도 비옥한 지구에 동떨어져 살아왔습니다.

인용

당신의 발길이 대지와 입 맞추듯 걸어보라.

– **틱낫한**(Thich Nhat Hanh)

인간은 땅을 단지 공유할 뿐이다. 우리는 땅을 보호할 수 있을 뿐, 소유하지 못한다.

– **시애틀 추장**(Chief Seattle)

우리는 그 무엇보다(원주민들)에게서 배운다. 즉 땅은 소유될 수 없고 땅의 기운(Spirit)도 분리될 수 없다는 것이다. 지구와 그 안에 머무는 모든 것은 그들을 지으신 창조주에게 속해있다. 우리는 서로 서로 그리고 모든 피조물과 조화를 이루며 살아가도록 부름 받았다. 조화를 창출하는 것이 대부분 토착 신앙에서 중심 사상이다.

– 리처드 로어, 작은형제회 수사(Richard Rohr OFM)

우리는 거주지, 강 그리고 삶의 지속성을 위한 지킴이들(guardians)이다. 우리는 달의 주기, 할머니들의 영성 그리고 우리 공동체의 모든 의식의 비밀에 대해 이해한다. 따라서 한 회사가 들어와서 그 사회 구조와 공동체의 상징성을 파괴하려 든다면, 그에 따른 피해는 너무나 깊을 것이다. 우리는 이것을 막고자 모인 것이다. '여성 지킴이들(Women defenders)' 단체는 많은 공헌을 하지만 그 인지도는 약한 편이다.

– 안나 마리아 에르난데스(Ana Maria Hernandez)

행동

여름철 에어컨보다는 선풍기를 사용해 보세요. 전력 사용도 줄이고 예산도 줄일 수 있으니까요. 창문 블라인드를 내려서 햇빛을 막고 집안을 식히려면 요리도 줄여보세요.

기도

창조주 하나님이시여,
각각의 나뭇잎, 꽃잎, 곡식, 사람이 모두 찬양을 올립니다.
사랑의 영이시여,
지상 모든 피조물과 모든 산과 큰 바다도
주님의 영광을 드러냅니다.

지금까지도, 욕망의 손길은
당신의 영화로움을 점유하고 약탈하고 있고,
당신의 은총을 나누는 것이 아니라 거머쥐고 있으며,
지구의 객이 아니라 주인인 양 살고 있습니다.

그로 인해, 빙하는 갈라지고, 강물은 마르고,
계곡에는 홍수가 터지고 산봉우리 눈은 녹고 있습니다.

하나님 아버지,

당신이 만드신 모든 것에 대해 존경심과 사랑을 지니고

부드럽게 내딛는 법과 단순히 사는 법과

가볍게 걸어가는 법을 가르치소서.

-린다 존스(Linda Jones)

8일차 나의 것! 나의 것! 나의 것!

읽기

출애굽기 19:5

이제 너희가 나의 말을 듣고 내가 세워준 계약을 지킨다면, 너희야말로 뭇 민족 가운데서 내 것이 되리라. 온 세계가 나의 것이 아니냐?

소유를 향한 마음가짐은 슬픈 생각입니다. 나는 최근에 한 아이가 자기 부모가 새 차를 어떻게 생각하는지에 대해 이야기하는 한 광고를 본 기억이 있는데, 사실 그 아이는 그 차를 자기 것으로 생각합니다. 그 아이는 거듭 말합니다. "내꺼야! 내꺼야! 내꺼야!"

아마도 안정감을 위해 점점 더 많은 것을 갖기를 원하는 것은 인간의 본성일 것입니다.

그러나 하나님과의 관계의 본질은 이것과 상반됩니다.

하나님 안에서 우리는 우리가 하나님의 백성이고 서로 풍족한 관계를 맺으며 살아가는 방법을 보여주는 삶으로 부름 받았다고 인정합니다. 그리고 이 지구가 우리의 것이 아니라 실로 모든 것이 하나님의 선물이라는 진정한 영적 인정이 그런 삶에 해당합니다.

인용

교회를 위한 참된 회심은 하나님을 하나님이 속한 곳에 되돌려 놓는 것이다. 즉 하나님을 하늘과 땅에서 창조하신 모든 것의 주인이자 주님으로서 두는 것이다.

– **무명**(Anon)

메시지는 분명하다! 온 땅이 하나님의 살아있는 존재로 가득 차 있다. 그러므로 지구는 성막과 신전과 같아서 창조주 영으로 예배하는 성스러운 곳이다. 지구는 원주민 세계의 울루루와 같은 성지인 코스모스의 반짝이는 성역이다. 지구는 숭배받을 신성한 영역이 아니라 우리가 숭배하도록 초대받는 신성한 장소다.

– **노먼 하벨**(Norman Habel)

당신이 뭔가를 사는 방식은 당신이 숭배하는 방식과 당신이 숭배하는 주체와 당신이 숭배하는 대상과 많은 관련이 있다.

– **윌리엄 티 카바너프**(William T. Cavanaugh)

행동

국회의원과 지방의원, 정치인에게 좋은 환경 정책이 긴급하다는 것을 확실히 알리세요.

소규모단체가 이 일을 연대해서 할 수 있다면 더욱 좋습니다.

기도

하나님,

오늘, 우리는 우리가 이 땅의 사람으로서

너무 탐욕스러움을 고백합니다.

이로 인해 부끄러워하나이다.

우리가 이 땅이 당신의 것임을 기억하게 하시고

당신의 백성으로서
모든 살아있는 것들을 공경하게 하소서.
아멘.

사랑의 하나님,
온 창조세계에 대한 당신의 사랑으로 우리를 채우소서.

우리의 무관심과 이기심과 공포를 없애소서.
창조세계와의 조화 속에 우리가 단순하게 살도록 하소서.

우리가 자기 희생과 사랑의 보살핌으로
모든 창조물을 돌보는
좋은 청지기가 되도록 도우소서.

- 호주 카리타스(Caritas Australia)

9일차 새로운 길이 필요합니다

읽기

다니엘 3:74~76

땅이여, 주님을 찬미하여라. 주님께 지극한 영광과 영원한 찬양을 드려라. 산과 언덕들이여, 주님을 찬미하여라. 땅에서 자란 모든 것들이여, 주님을 찬미하여라.

이 세상이 단순히 '천국에 가기 위해' 우리 인간이 몸부림치는 무대에 불과하다면, 대지, 바다, 공기, 물고기, 새, 곤충, 포유류에 관한 문제는 무의미합니다.

우리가 지구와 그 위에서 자라는 모든 것이 하나님을 찬양하고 있음을 이해했더라면, 그곳을 쓰레기—플라스틱과 스티로폼, 오염 물질과 유독 물질—로 채울 수는 없었을 것입니다.

성서의 이야기는 "새 하늘과 새 땅"(요한묵시록 21:1)에 대한 약속으로 끝납니다. 하나님의 사랑의 대속, 해방 그리고 구원은 창조세계 전체를 위한 것입니다.

인용

온 우주가 함께 신의 선하심에 더욱 완벽하게 참여하고 있고, 개별 피조물보다 그것을 잘 나타내고 있다.

– 달라이 라마(Dalai Lama)

선교 자체는 사람뿐 아니라 그 외의 피조물에 대해 이해하기 시작하는 것이고, 그저 천국만을 준비하는 것이 아니라 땅을 돌보는 것이다.

– 데이브 부클리스(Dave Bookless)

구원이란 모든 창조세계를 향한 것이고, 창조 세계는 구원의 장(場, place)이다.

– 샐리 맥퍼그(Sally McFague)

성서의 첫 페이지가 하늘과 땅, 해와 달과 별들, 새와 물고기와 동물에 대해 말하고 있다는 것은 우리가 성경에서 예수 그리스도의 아버지로 인정하는 하나님께서 사람뿐만 아니라 이 모든 창조물과 관련되어 있다는 확실한 징표이다. 인류만의 신으로 이해되는 하나님은 더이상 성서가 말하는 하나님이 아니다.

– **클라우스 베스터만**(Claus Westermann)

행동

미리 계획하여, 집밖을 나설 때 식수를 용기에 담아가세요.
다시는 병으로 판매하는 생수를 사지 않기로 다짐해요!

기도

오 하나님, 모든 살아있는 것들, 우리의 형제인 동물들과
친교를 나눌 수 있는 마음을 열어주세요.
우리와 마찬가지로 그들에게도 이 땅을 집으로 주셨나이다.

과거에 우리가 사람의 우세한 지배력을
매정하고 잔인하게 행사했던 부끄러움을 기억하나이다.

그리하여 당신께 노랫가락이 되어야 할 그들의 소리가
고통의 신음소리가 되어왔나이다.

주님 우리를 용서하시고 화해와 치유의 길로 인도하소서.
아멘.

- 대성인 바실리우스(St. Basil the Great)의 글로 추정됨

10일차 우리는 무엇을 하고 있는가?

읽기

역대기상 16:31~33

하늘은 기뻐하고 땅은 즐거워하며 "야훼께서 등극하셨다."하고 만방에 외치어라. 바다도, 거기 가득한 것도 다 함께 기뻐 뛰어라. 숲의 나무들도 환성을 올리어라. 야훼께서 세상을 다스리러 오셨다.

어떤 새들은 놀라울 정도로 정교하고 아름다운 노래를 가지고 있습니다. 이것은 모든 창조물이 주님께 노래할 수 있는 자신만의 능력을 가지고 있다는 것을 보여줍니다.

슬픈 현실은 우리가 어떤 동물을 탐욕스럽게 사냥하고, 다른 창조물들의 환경을 파괴하고, 바닷속의 다른 것들을 오염시킴으로써, 자연의 합창 소리가 급격히 줄어들고 있다는 것입니다.

슬프게도, 우리의 소비 욕구는 숲을 파괴하고 바다를 오염시켰습니다. 우리는 창조물을 건강하게 유지시키고 자원을 과도하게 사용하지 않도록 하는 데 주의를 기울이지 않았습니다.

오염과 과도한 포획으로 인해 바다는 더이상 울리지 않고, 들판은 기후 변화로 인해 더이상 기뻐하지 않습니다.

도대체 우리 자신과 신의 선한 창조와 미래의 지구 평화를 위해 무엇을 하고 있습니까?

우리는 새로운 삶의 방식이 필요합니다.

인용

창조의 수호자, 자연 속에 새겨진 신의 계획의 수호자, 서로의 보호자, 환경과 창조물의 보호자가 되자. 파괴와 죽음의 징조가 이 세상의 앞길에 동반되는 것을 허락하지 말자!

– **프란치스코 교황**(Pope Francis)

데스몬드 투투는 우리가 '적응적 아파르트헤이트'(인종차별)의 세계를 향해 나아가고 있다고 말했는데, 이 말은 세계가 기후 변화 효과에 적응할 수 있는 자와 그렇지 못한 자로 분리되어 가고 있다는 것을 의미하는 것이다.

– **도로시 보어즈**(Dorothy Boorse)

자원 훼손, 소비자 옹호, 공해 확산과 함께 세상에서 교회가 죽어가는 동안 실제로 암으로 물든 교회에 성이라는 이름의 종기에 대한 분석과 처방에 몰두하는 그리스도의 몸 된 교회의 대부분 분파들을 보고 몹시 실망했다.

– **무명**(Anon)

대자연은 집단 사육, 울타리 사육, 약물 사육에서 우리의 행동을 요구한다.

– **베르타 카세레스**(Berta C ceres)

우리는 왜 집과 병원 대기실 등에 자연의 사진을 걸어둘까? 자연이 치유하기 때문이다. 그것은 치료제이다.

– **밥 브라운**(Bob Brown)

행동

집에서 자연의 공기순환을 이용하세요. 여름밤에 문과 창문을 열어 집을 식히고, 다음날 아침 문을 닫으세요.

기도

주님,

우리의 탐욕과 오만함에 대해 용서를 구합니다.

우리가 창조세계를 돕고 보호하는 법을 배우게 하소서.

아멘.

단순하고 평화로운 곳에 대해 감사합니다.

우리 내면에서 이러한 곳을 찾게 하소서.

자연의 진리와 자유가 있는 곳,

기쁨의 영감과 회복이 있는 곳,

모든 생명체가 받아들여지고, 속하는 곳을 주심에 감사합니다.

세상 속에서, 우리 자신 안에서, 다른 존재 안에서

이러한 장소를 찾게 하소서.

우리가 그 장소들을 회복하게 하소서.
우리가 그들을 견고하게 하고 보호하며
그런 장소들을 창조하게 하소서.
우리의 내적 생명의 진리에 따라
이 바깥세상을 바로잡고
자연의 영원한 지혜로
우리의 영혼이 형성되고 자라나게 하소서. 아멘.

- 마이클 루닉(Michael Leunig)

11일차 포괄적 구원

읽기

요엘 2:22~23

짐승들아, 두려워 마라. 들판의 목장은 푸르렀고 나무들엔 열매가 열렸다. 무화과나무와 포도덩굴에 열매가 주렁주렁 달렸다. 시온의 자녀들아, 야훼 너희 하나님께 감사하여 기뻐 뛰어라. 너희 하나님께서 가을비를 흠뻑 주시고 겨울비도 내려주시고 봄비도 전처럼 내려주시리니,

구약성서의 사람들의 사고는 얼마나 다른지요.

땅, 야생 동물, 과일나무 그리고 사람은 각각 아주 다른 것들이 아닙니다. 하나님께서는 그들 모두에게 복과 위로와 격려의 말씀을 하셨습니다.

구약의 사람들은 분명히 하나님께서 모든 것을 선하게 만드셨다고 이해했고, 하나님께서 선하게 만드신 모든 것을 명백하게 사

랑했으므로, 이중적, 대비적, 위계적 사고를 갖지 않았습니다.

오늘날 우리가 주위를 보는 방식과 이 얼마나 다릅니까.

구약의 사람들은 하나님께서 땅과 야생동물과 과일나무와 사람을 축복하셨음을 알고 있었습니다. 이것은 포괄적인 구원이지 배타적인 것이 아닙니다.

토착민들이나 땅에서 살며 의지하는 이들은 이 점을 원초적으로 이해합니다. 그러나 오늘날에는 많은 이가 자연세계와의 접촉점을 완전히 잃어버렸습니다.

창조세계를 우등 또는 열등으로 보는 지배적 사고는 위험합니다. '우리'와 '그것 혹은 그것들'이라는 사고방식은 전체 창조 질서를 무서운 카오스로 몰아갑니다.

사실은 창조의 모든 부분이 복을 받았다는 것입니다. 당신과 저를 포함해서요.

인용

생태계에서 모든 창조 개체는 고유한 가치를 지니고 있다. 왜냐하면 모두가 객체인 동시에 주체이기 때문이다. 우리가 이 땅을 공장/고속도로/시가지/주차구역 등으로 더욱 덮으면 덮을수록, 우리는 식물과 동물을 더욱 전멸시키게 된다.

– **찰스 버치**(Charles Birch)

모든 존재는 신성(Divine) 혹은 하나님의 광휘(spark)를 지니고 있다. 개의 눈을 들여다보고 가장 안쪽의 중심을 느껴보라. 당신이 집중한다면, '영'(spirit) 즉 모든 피조물 안에 있는 하나의 의식을 느낄 수 있다. 그것을 네 자신처럼 사랑하라.

– **에크하르트 톨레**(Eckhart Tolle)

땅은 축복이다. 그것은 삶을 지지하고 모든 우리 경제의 기초이다. 그것은 아름다움을 전하며 우리보다 더 큰 것에 대한 인식을 불러일으킨다. 그것은 우리의 성전, 모스크, 성소, 대성당이다. 무엇보다 우리의 집이다.

– **기후변화에 대한 호주 종교인의 응답**(Australian Religious Response to Climate Change)

행동

당신의 삶은 어떤 면에서 책임 있는 형태이며 윤리적 삶인가요?

이제 고심하고 바꿔야할 일은 무엇인가요?

기도

하나님,

동물들에 대해 감사합니다.

때로 우리가 외로울 때

동물들은 우리를 위로해줍니다.

동물들은 경이롭고

사랑과 관심을 많이 필요로 합니다.

동물을 학대하는 자들이 자신들이 당신의 피조물에

하고 있는 것을 깨닫도록 도와주시옵소서.

아멘.

- 크리스토퍼 토머디스(Christopher Thomaidis), 11세

하나님,

지렁이와 벌과 무당벌레와 암탉을 주셔서

기쁘고 감사합니다.

사람이 자기 정원을 가꾸고

집을 청소하며 동물과 이야기 나누고

노래를 부르는 것에도

기쁘고 감사합니다.

나무에 수액이 차오르고,

성장의 향기를 내뿜고,

손수레를 만들어내고,

주전자가 있는 것에도

감사하나이다.

우리는 기뻐하며 감사하나이다.

아멘.

– 마이클 루닉(Michael Leunig)

12일차 사랑, 소중히 여김, 양육

읽기

시편 22:28

만방을 다스리시는 이 왕권이 야훼께 있으리라.

다스림(Dominion)은 한 사람의 지배자에 의한 일종의 공격적인 무시라는 의미를 갖는 경향이 있습니다. 저스틴 홀콤(Justin Holcomb)은 다음과 같이 말합니다. "거짓된 지배관념이 창조를 잘못 대하게 한 데에 일조한 것은 사실이지만, 그 개념을 올바르게 이해하면 봉사, 책임, 책무를 갖게 될 수 있다... '다스림'이란 파멸을 의미하는 것이 아니라 책임을 의미한다."

하나님께서 우리를 책임지고 보살펴주듯이, 우리도 역시 창조물을 보살필 책임이 있습니다.

젊은 농부로서 우리는 '움직이면 총을 쏘고 자라나면 그것을 잘라라!'처럼 조잡한 삶을 살았습니다. 우리는 말 그대로 파괴적이고 지배적인 통치자들의 낡고 왜곡된 마음가짐 속에서 '지배권을 갖고' 있었습니다.

다행히도, 우리는 다스림과 정복 그리고 지배는 사랑, 양육 그리고 소중히 여기심으로 우리를 다스리시는 하나님의 통치와 같은 의미라는 것을 배우고 있습니다.

하나님께서 창조한 다양한 부분에 대해 권위를 행사할 수 있는 하나님이 주신 기회 안에서 어떤 것에 우선순위를 두시겠습니까?

사랑, 소중히 여김, 양육?

인용

숭고한 의미에서 지배권을 갖는다는 것은 인간이 다른 생물들이 번성해야 한다는 하나님의 뜻을 실천하는 대리자가 되어야 한다는 것을 의미한다.

– 엘리자베스 A. 존슨(Elizabeth A. Johnson)

세계의 자원을 어떻게 사용하는가, 글로벌 이웃들을 어떻게 대우하는가, 창조 자체를 어떻게 대우하는가에 대한 우리의 만연한 이기주의는, 신에 대한 모욕이자 우리의 책임을 저버리는 것 그리고 그리스도의 자녀로서 우리 정체성을 거부하는 것으로 보인다.

– 에드워드 R. 브라운(Edward R. Brown)

멸종은 돌이킬 수 없다. 그것은 끝이고 무한적이다. 그것은 재생력의 상실뿐만 아니라 새로운 진화적 출현의 상실도 의미한다.

– 제임스 A. 내쉬(James A. Nash)

이 땅은 정원이요, 주님은 정원사시며, 모든 것을 소중히 여기시며, 누구도 소홀히 대하지 않으신다.

– 시크교 축복문(Sikh blessing)

행동

샤워시간을 3~4분으로 줄이고, 양치하는 동안 수도꼭지를 잠그며, 온수가 나올 때까지 틀어놓는 물은 받아놓고 사용하여 낭비를 줄이세요.

기도

창조의 하나님,

우리가 우리를 향한 당신의 심오한 보살핌을 보고,

그것을 서로를 위해, 모든 살아있는 것들을 위해

비추어 볼 수 있게 하소서.

우리의 파괴적인 본성을 용서하시고,

예수 그리스도 안에서 우리에게 주신

사랑, 소중히 여김, 양육의 본을 따라

살아가게 하소서.

아멘.

13일차 위대한 신비

읽기

시편 104:24

야훼여, 손수 만드신 것이 참으로 많사오나 어느 것 하나 오묘하지 않은 것이 없고 땅은 온통 당신 것으로 풍요합니다.

"각자와 모든 생물은 신의 고유어로서, 그 자신의 메시지와 은유, 활동방식, 선함, 아름다움, 위대한 신비에 참여를 나타내는 나름대로의 방법을 가지고 있습니다.

"각 생물은 그 자체의 광채와 그 고유한 영광을 가지고 있습니다."

"관조적이 된다는 것은 각각의 현현을 볼 수 있고, 그것을 즐기고, 보호하고, 공동의 이익을 위해 그것을 끌어당길 수 있는 것입니다(저는 어떤 주일에는 아침 예배보다도 '자연을 다루는 채널'의 경외감, 기도, 봉사에 더 끌리곤 합니다)."

"프란시스코 수도회의 리아 델리오 수녀는 진정한 프란치스코 스타일로 글을 씁니다." "세상은 하나님이 거울이나 발자국처럼 자신을 계시하는 수단으로 창조되었기에, 우리로 하여금 창조주를 사랑하고 찬미하도록 인도할 것입니다."

"우리는 생명의 저자를 알 수 있도록 창조의 저서를 읽도록 창조되었습니다. 이 창조의 책은 하나님의 존재를 표현하고 인간을 의미 있는 곳으로, 즉 역동적이고 자기 확산적인 영원한 사랑의 삼위일체로 인도하고 있습니다."

– 리처드 로어(Richard Rohr)

인용

창조를 진정으로 알고 있는 사람은 설교를 듣지 않아도 된다. 왜냐하면 모든 피조물은 하나님으로 가득 차 있으며 자체가 성서이기 때문이다.

– 마이스터 에크하르트(Meister Echhart)

인간이 젊고 한창인 시절에 폭력으로 죽는 것과 마찬가지로, 살아야 할 종이 인간 지혜와 의지의 비참한 실패로 인해 영구적으로 실종되고 있다.

– 엘리자베스 A. 존슨(Elizabeth A. Johnson)

짐승이 없다면 사람은 무엇인가? 모든 짐승이 없어지면 사람들은 영혼의 외로움으로 죽을 것이다. 짐승에게 일어난 일은 사람에게도 일어난다. 모든 것은 연결되어 있다. 지구가 당하면 무엇이든지 지구의 자녀들에게 영향을 미친다.

– 시애틀 추장(Chief Seathl)

행동

방에서 나올 때는 조명을 끄세요. 컴퓨터를 종료한 후에는 플러그를 뽑니다. 늘 플러그를 뽑아서 대기 상태로 있는 가전제품의 수를 줄이십시오.

기도

주님, 우리가 당신의 말과 임재를 가까이 느끼고
주님에 대한 생각으로 주님을 예배하게 하소서.
그렇다면 우리의 가장 작은 행동조차도
당신에 대해 이야기할 것입니다.
아멘.

〈내가 아름다움과 함께 걷는 것처럼〉

내가 걸을 때, 내가 걸을 때
우주가 나와 함께 걷고 있다.
아름답게 그것은 내 앞에 걷는다.
아름답게 그것은 내 뒤에 걷는다.
아름답게 그것은 내 밑을 걷는다.
아름답게 그것은 내 위를 걷는다.
아름다움은 모든 것에 있다.
내가 걸을 때, 나는 아름다움으로 걷노라.

- 전통 나바호족 기도문(A traditional Navajo Prayer)

14일차 우리는 으뜸가는 돌봄이

읽기

골로새서 1:15~17

그리스도께서는 보이지 않는 하나님의 형상이시며 만물에 앞서 태어나신 분이십니다. 그것은 하늘과 땅에 있는 만물, 곧 보이는 것은 물론이고 왕권과 주권과 권세와 세력의 여러 천신들과 같은 보이지 않는 것까지도 모두 그분을 통해서 창조되었기 때문입니다. 만물은 그분을 통해서 그리고 그분을 위해서 창조되었습니다. 그분은 만물보다 앞서 계시고 만물은 그분으로 말미암아 존속합니다.

예수를 우리의 주님과 구세주로 선포하는 우리들을 위해, 만약 우리의 주와 구세주가 진정 창조자라면, 우리는 우리 자신을 창조의 모든 차원의 으뜸가는 보호자로 이해할 필요가 있습니다. 그렇지 않다면, 우리는 주님의 이름과 권위를 더럽히는 것입니다. 즉 그리스도와 우리 자신을 경시하는 셈입니다.

성 바울로는 다음 구절에서 예수님께 지극히 높은 지위를 부여하고 있습니다. "만물은 그분을 통해서 창조되었습니다." 그리고 "만물은 그분을 통해서 그리고 그분을 위해서 창조되었습니다."

우리가 우리 자신을 별개로 생각하는 것은 매우 쉽습니다... 우리가 혼자라는 것, 우리가 스스로를 위해 해나가야 한다는 것, 그리고 우리 자신의 미래를 보호하고 안위를 지켜야만 한다는 생각 등입니다.

테레사 수녀가 우리에게 상기시켜 주듯이, "만약 우리에게 평화가 없다면 그것은 우리가 서로에게 속해있다는 것을 잊었기 때문입니다."

우리는 서로 분리되어 있지 않을 뿐만 아니라, 이젠 부활하신 그리스도와 창조 그 자체의 영과 불가분의 관계에 있습니다.

인용

물질과 영적인 것이 일치할 때마다, 거기에 그리스도가 있다.

– 리처드 로어(Richard Rohr)

만약 우주에서 신의 모습을 찾을 수 없다면, 우리는 결코 그것을 우리 안에서도 찾을 수 없을 것이다.

– 웬델 베리(Wendell Berry)

동방정교회는 생태계의 불평에 대해 중요한 증거를 제공한다. 그들의 신학과 신앙에서 정교회는 성육신을 통한 모든 창조의 구원과 만물의 성화에 대한 기대를 현저하고 자신있게 간직해 왔다.

– 제임스 내쉬(James Nash)

그리스도는 세상에서 '두 개의 신'을 신고 계신다. 즉 성서와 자연이다. 둘 다 주님을 이해하기 위해 필요하며, 어떤 단계에서도 창조는 하나님으로부터 나온 것들과 분리될 수 없다.

– 존 스코투스 에리우게나(John Scotus Eriugena)

골로사이 1:16에서 우리는 그리스도가 보이지 않는 신의 이미지로서, 그를 통해 만물이 창조되었고 그분을 위해 만물이 존재하는 것을 알게 된다. 창조는 우리를 위해 존재하지 않는다. 그것은 신의 영광을 위해 존재한다.

– 조나단 무(Jonathan Moo)

행동

음식 찌꺼기의 경우, 부엌에서는 퇴비 통을 사용하고 정원에 퇴비를 주거나 벌레농장을 만들어 보세요. 만약 지자체에서 서비스를 제공한다면, 녹색 상자(Green bin)를 사용하세요. 그런 서비스가 없다면 그들에게 '조언'하세요.

기도

보이지 않으시는 하나님,

만물 안에 만물을 통해 계시는 창조자시여,

당신은 모든 것을 함께 붙들고 계시나이다.

우리가 외롭다고 느끼는 곳에, 우리 곁으로 오소서.

이 땅에서 우리의 자리를 잊어버린 곳에

당신의 크심과 우리가 활동해야 할 부분을 보여주소서.

우리로 하여금

부활하신 그리스도와,

그분을 통해 또 그분을 위해 만드신 만물과도

하나가 되게 하소서.

- 무명(Anon)

자비로우신 하나님,

인간의 죄악에 절망하지 않게 하소서.

우리의 죄에도 불구하고 서로를 사랑하도록 도우소서.

그것이 이미 보이신 당신 사랑의 본이기 때문입니다.

우리가 당신의 창조물을 사랑하도록 도우소서.

그 모든 것,

모래 한 알,

나뭇잎 하나,

한 줄기 빛조차도.

우리로 동식물과 모든 것을

사랑하게 하소서,

우리가 만물에서 당신의 신비를 감지하게 하시고,
그것을 매일 더욱 더
이해하도록 도우소서. 아멘.

- 도스토예프스키(Dostoyevsky)를 인용함

15일차 생명 존중

읽기

빌립보서 2:5~8

여러분은 그리스도 예수께서 지니셨던 마음을 여러분의 마음으로 간직하십시오. 그리스도 예수는 하나님과 본질이 같은 분이셨지만 굳이 하나님과 동등한 존재가 되려 하지 않으시고 오히려 당신의 것을 다 내어놓고 종의 신분을 취하셔서 우리와 똑같은 인간이 되셨습니다. 이렇게 인간의 모습으로 나타나 당신 자신을 낮추셔서 죽기까지, 아니, 십자가에 달려서 죽기까지 순종하셨습니다.

권력을 순화하거나 겸손히 종의 자세를 취하는 것은 일반적으로 세상에서 비웃음을 당합니다.

알베르트 슈바이처 박사는 예수의 사고방식을 철저히 견지했습니다. 유럽에서 그의 이점인 4개의 박사학위와 위대한 오르가니스

트라는 명성을 포기하고 서아프리카 가봉의 랑베레네(Lamberene)에 병원을 설립하기 위해 1913년 출발했습니다.

그는 그의 특별한 철학인 '생명존중'(Reverence for Life)을 적용했습니다. 전기 작가는 단 하나의 예를 기록했습니다. "슈바이처 박사의 생명존중은 항상 인간의 삶 너머로 뻗치고, 동물 세계와 그 너머까지 확장된다. 그는 그의 스태프가 방수 재킷을 먹고 있는 딱정벌레를 짓이겨 죽이는 것을 보고 멈추게 한 뒤 그에게 말했다. '기억하세요, 당신은 그의 나라에서 손님입니다.'"

섬김의 자세와 생명존중. 우리는 매일의 삶 속에서 이것을 실행하고 적용하는 방법을 찾을 수 있을까요?

인용

창조에 대한 우리의 자세는 오해되어왔고 의문이 든다. 우리는 세상에서 분리된 영적 삶을 추구하면서도, 착취하고 이기적으로 물질적 풍요를 즐기기를 추구한다. 이런 갈등적인 관점들은 우리가 모든 것의 주님이신 하나님을 인식하는 데에 방해가 된다.

– **켄 크나나칸**(Ken Knanakan)

우리는 더욱 신사적이고 평화적인 관계를 동료 인간들과 형성하듯, 같은 자세를 자연 환경에도 확장해야 한다. 도덕적으로 말해서, 우리는 모든 환경을 신경써야 한다.

– 달라이 라마(Dalai Lama)

우리는 이 과정에 협력하고 그 한계점을 인정하는 것을 배워야한다. 그러나 더 중요한 것은 창조가 신비로 가득 차 있다는 것을 깨닫는 것이다. 우리는 결코 그것을 전적으로 이해할 수 없다. 우리는 오만을 버리고 경외심을 가져야 한다. 창조의 경이로움을 느끼는 감각을 발견해야 하며, 현존을 예배하는 능력을 가져야 한다. 생명존중과 연민이 있어야 우리 종족은 세계에 남을 수 있다고 확신한다.

– 웬델 베리(Wendell Berry)

행동

공간이 허락된다면 암탉을 몇 마리 키우고, 그들이 음식물 찌꺼기를 계란과 비료로 바꾸도록 하십시오.

기도

정의의 하나님,

하나의 지구촌 공동체에서

함께 일하도록 힘을 주시고,

가장 상처입기 쉬운 자들과 다음 세대의 모든 피조물들을

보호할 수 있는 창의력과 해법을 발견하게 하소서.

우리가 기후정의와 창조세계를 회복하기 위해 움직이게 하소서. 아멘.

오 하나님, 우리 기도를 들어주소서.

우리의 동물 친구들,

특별히 사냥과 멸종, 버려짐과 두려움, 배고픔으로 고통받는

죽음에 처해있는 모두를 위해 드리는 기도를 들어주소서.

당신께 비오니 자비와 연민을 그들 모두에게 주소서.

그리고 그들을 다루는 사람들에게

긍휼의 마음과 온화한 말투, 친절한 단어들을 주소서.

우리를 동물들과 진정한 친구가 되게 하시고

자비로운 하나님의 축복을 나누게 하소서.

- 알버트 슈바이처(Albert Schweitzer)

16일차 번영의 바보들!

읽기

레위기 19:9-10

너희 땅의 수확을 거두어들일 때, 밭에서 모조리 거두어들이지 마라. 거두고 남은 이삭을 줍지 마라. 너희 포도를 속속들이 뒤져 따지 말고 따고 남은 과일을 거두지 말며 가난한 자와 몸 붙여 사는 외국인이 따 먹도록 남겨놓아라. 나 야훼가 너희 하나님이다.

때때로 신구약의 기본 개념들이 사상적으로 매우 진기하게 느껴질 때가 있습니다.

가난한 자, 쫓겨난 자, 이방인을 위해 밭 한 귀퉁이와 떨어진 포도송이들을 남겨두다니 얼마나 사랑스런 생각입니까!

신약성경에는 이 진기한 이상이 반복되고 있습니다. 초기 그리스도인들이 "그들의 모든 것을 공동 소유로 내어놓고 재산과 물건을 팔아서 모든 사람에게 필요한 만큼 나누어주었다"(사도행전 2:44-45)와 같이 말입니다.

신구약의 공동체는 모두 그들의 소유와 삶 자체가 자비하시고 관대하신 하나님의 선물임을 알았기 때문에, 스스로 자신의 삶을 제한하였습니다.

오늘날은 모든 자원과 기회를 거머쥐고, 그것을 최대한으로 이용하지 않으면 바보라고 여겨지는 시대입니다. 우리의 문화는 우리에게 '어서 빨리 가져'라는 사고방식을 부추깁니다.

그러나 우리의 '어서 빨리 가져' 문화는 가난한 자에 대한 기본적인 존중, 천연 자원의 신성함 그리고 조화를 거의 포기해 버렸습니다. 우리는 마치 멸종에 대비하여 우리 자신의 무덤을 파고 있는 것처럼 보입니다!

우리는 창조세계를 희생하여 번영해 왔습니다. 올드 헉슬리(Aldous Huxley)가 이야기했듯이, "우리가 현재까지 알고 있는 번영은 그 무엇으로도 대체할 수 없는 지구의 자원을 빠르게 소비한 결과입니다."

인용

지배적인 문화인 문명이 지구를 죽이고 있습니다. 지구상의 생명을 염려하는 사람들이 이 문화가 모든 생명체를 파괴하는 것을 막기 위해 필요한 조치를 시작하기까지 오랜 시간이 걸렸습니다.

– 데릭 젠슨

우리는 우리의 행성을 파괴하고, 우리가 갈망하는 더 깊은 의미와 목적을 지닌 우리의 영혼을 파괴하는 소비의 광란에 매몰된 우리 자신을 발견합니다.

– 브루스 산긴

우리 중 너무 많은 사람들이 방종과 소비를 경배하는 경향이 있습니다. 인간의 정체성이 더이상 사람이 행한 것에 의해서 정의되는 것이 아니라 그가 소유한 것에 의해 정의됩니다.

– 지미 카터

우리는 '사람이 하나님의 형상대로 창조되었다'고 말합니다. 저는 비참하고, 가난하고, 무지하고, 미신적이고, 두려움에 억압 받거나 비참한 하나님을 상상하기를 거절합니다... 이것이 그의 형상대로 창조된 사람들 대다수의 모습입니다.

– 줄리어스 케이 니에레

행동

구입하기 전에 모든 가전제품의 효율 등급(물과 전기 효율)을 확인하십시오.

기도

주님, 우리가 창조 세계를 소중히 여기고
돌봐야 할 필요성을 이해하도록 도와주시옵소서.

주님, 우리 안에 있는 모든 생명체와의 유대감을
넓혀 주시옵소서.
당신께서 우리와 마찬가지로
지구를 집으로 주신 동물들은 우리의 형제입니다.

우리는 부끄러움으로 과거를 기억합니다.
인간의 높은 통치권을 무자비한 잔인함으로 행사하였고,

그리하여 노래로써 당신께 올라가야했던
지구의 소리는 고통의 신음이 되었습니다.

그들이 우리를 위해서만이 아니라
그들 자신과 당신을 위해 산다는 것과
그들도 행복한 삶을 원한다는 것을
우리로 깨닫게 하여 주시옵소서.
아멘.

17일차 우리의 걸음에 깨어

읽기

데살로니가전서 5:6

그러므로 우리는 다른 사람들처럼 잠자고 있을 것이 아니라 정신을 똑바로 차리고 깨어 있읍시다.

예수님은 몇 번이나, 깨어 있어 예기치 않은 만일의 사태에 대비하고 시대의 징조를 읽으라고 말씀하셨습니다.

그 경고는 주로 왕국에 들어가지 못하는 것과 예루살렘에 다가오는 멸망을 아는 것에 관한 것이었습니다.

오늘날, 깨어 있고 변화해야 한다는 필요성은 지역적이기보다는 전 세계적인 것입니다. 그것은 우리의 눈을 떠서, 우리 주위에서 일어나고 있는 일들, 즉 생물 다양성의 파괴적인 상실과 기후 변화의 끔찍한 결과들을 알아채라는 요청입니다.

시대의 징후에 'AWAKE'(첫 글자 약어)하는 것의 중요성을 의식하여, Douglas와 Jonathan Moo는 『창조세계의 돌봄 *Creation Care*』에서 다음과 같이 이야기합니다.

"우리는 도전받고 있습니다. 우리 주위의 창조공동체에 관심을 갖도록, 더 많이 걸으며, 우리가 어떻게, 어디로, 얼마나 많이 여행하는지를 고려하도록, 지구상의 하나님 나라를 위한 활동가가 되어 소비지상주의 문화를 거부하기 위해 하나님의 창조세계를 대표하여 말하고 행동하도록 그리고 즐겁게, 감사하게, 경건하게, 윤리적으로 먹도록."

Attentive to the community of creation around us, to Walk more and consider how and where and how much we travel, to become Activist for God's Kingdom on earth, speaking up and working on behalf of God's creation, to reject our culture's way of Konsumerism, and to Eat joyfully, thankfully, reverently and ethically,"

 **인용**

우리가 도울 수 있는 모든 생명을 돕고, 생명을 해치는 일을 피하

는 의무에 복종할 때에만, 우리는 진정으로 윤리적이다.

– 앨버트 슈바이처

우리는 지구를 위로부터 물려받은 선물로 보지 못하기 때문에 지구를 비인간적이고 불경스러운 태도로 대하고 있습니다. 자연환경에 관련한 우리의 원죄는 지구적인 범위에서 하나님과 이웃과 함께하는 방식으로서, 세계를 공동체의 성찬으로 받아들이는 것을 거부하는 데에 있습니다. 신의 창조물이라는 이음새 없이 매끄러운 옷의 가장 사소한 세부에서, 티끌의 마지막 말 속에서, 신과 인간이 만난다는 것이 우리의 겸허한 신념입니다.

– 바르톨로메오 세계총대주교

우리는 지구를 도와 지구의 상처를 치유하고, 그 과정에서 우리 자신의 상처를 치유하도록 — 실은, 모든 다양성과 아름다움, 경이로움 속에서 온 창조세계를 받아들이도록 부름 받았다.

– 완가리 마타이

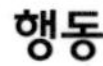

행동

분기마다 물과 전력 소비를 줄일 수 있는 목표를 설정하십시오.

기도

밤과 낮을 주관하시는 주님,

패배와 죽음의 가장 어두운 시기에 희망을 품고,

우리가 처해있는 상황 속에서 깨어 있게 하시고,

복음의 소망에 의해 힘을 얻게 하여 주시옵소서. 아멘.

주님, 우리를 쉬게 하소서.

피곤한 부Michael Le분은 쉬도록,

우리 중 잠들어 있는 부분은 깨어나도록 하소서.

하나님 우리를 일깨우시고

우리 안에서 깨어나소서. 아멘.

– 마이클 루닉(Michael Leunig)

이 놀라운 날에 대해 하나님께 감사드립니다.

높이 솟아오르는 초록빛 나무에 대해,

그리고 푸른 하늘의 진정한 꿈과

자연적이고, 무한하며, 허락된 모든 것에 대하여,

- E. E. Cummings

18일차 모든 것을 먹어라 그러면 빨리 죽을 것이다!

읽기

창세기 2:16~17

이렇게 이르셨다. "이 동산에 있는 나무 열매는 무엇이든지 마음대로 따먹어라. 그러나 선과 악을 알게 하는 나무 열매만은 따먹지 마라. 그것을 따먹는 날, 너는 반드시 죽는다."

부모라면 누구나 모든 일에 있어 자녀에게 자유와 경계의 균형을 주어야함을 압니다.

인간은 모든 창조물을 가득히, 온전히, 완전히 즐기고 탐구하도록 받았으며 그와 함께 옳음과 그름을 아는 지식의 나무의 열매를 먹지 말라는 경계를 받았습니다.

어린이들은 물론 그들의 부모가 요청한 것을 정확하게 행하지 않습니다. 그리고 그것은 우리가 어떻게 서로 관계를 맺는지와 존경의 의미의 기초를 배우는데 매우 중요합니다.

우리의 첫 조상들이 배워야 했던 가혹한 교훈은 그들이 책임을 지고 관심과 기술을 갖고 지구를 돌보는 것이었습니다.

이 교훈은 세대를 거듭해 계속해서 배워야만 할 것 같습니다.

인용

생태학적 윤리에 대한 기본적인 기준은 개인주의적이거나 상업적이지 않다. 그것은 매우 영적이다. 왜냐하면 환경 위기의 근원은 인간의 탐욕과 이기심에 있기 때문이다. 우리에게 요구되는 것은 더 큰 기술력이 아니라, 잘못되고 낭비적인 방식에 대한 깊은 회개이다. 필요한 것은 희생의식이다. 비록 희생이라는 비용이 지불되지만 성취감을 가져다준다. 오직 그런 자기 부정만을 통해서, 그리고 "아니오" 혹은 "충분합니다"라고 말함으로 우주에서 우리의 진정한 인간적 위치를 재발견할 것이다.

– 동방정교회 총대주교 바르톨로메오

(His All-Holiness Ecumenical Patriarch Bartholomew)

우리의 과학적 힘은 영적인 힘을 능가했습니다. 우리는 유도탄과 잘못 인도된 사람들을 갖고 있습니다.

–마틴 루터 킹 주니어(Martin Luther King, Jr.)

우리는 다른 지역에 미치는 영향과 미래세대의 복지에 대한 적절한 주의를 기울이지 않고는 생태계의 영역에 간섭할 수 없다.

– 교황 요한 바오로2세(Pope John Paul II)

행동

분해되지 않는 테이크아웃 커피 잔을 거부하고 재사용 가능한 당신 소유의 테이크아웃 커피 잔을 구입하세요.

기도

위대한 성령이여,

지구의 노래를 파괴하는 것이 혼란을 만듦을

이해할 수 있는 마음을 주소서.

그 외형을 망가뜨리는 것이 우리를 아름다움에 눈멀게 하고,

그 향기를 오염시키는 것이 악취가 풍기는 집을 만드는 것임을,
우리가 그것을 돌볼 때 지구도 우리를 돌본다는 것을 알게 하소서.
아멘.

19일차 하나님 - 거기 그리고 여기에

 읽기

창세기 28:16

야곱은 잠에서 깨어나 '참말 야훼께서 여기 계셨는데도 내가 모르고 있었구나.'하며

야곱이 베델에서 천사들이 오르락내리락하는 꿈을 꾼 후, 잠에서 깨어나 깜짝 놀라며 이렇게 깨닫습니다. '주님이 여기 계시구나! 그가 이곳에 계시는데, 나는 몰랐구나!'

이 얼마나 큰 계시입니까? 얼마나 큰 깨달음입니까?

구약 성서에서는 여러 차례, 하늘은 하나님의 '처소'로서 언급되고 있습니다. 야곱은 그의 꿈에서 하나님께서 거기와 또한 여기에도 계신다는 것을 깨닫습니다. 이것은 비-이원적인 깨달음(nondualistic breakthrough)입니다.

교회가 이 실체를 수 세기 전에만 깨달았다고 한다면, 교회가 환경 파괴의 첫 요인 중 하나라고 한 린 화이트(Lyn White)의 신랄한 비판은 없었을 것이고, 이 지구라는 행성은 보다 행복한 곳이 되었을 것 같습니다.

우리 생각의 폭이 열려 성육신에까지 이것을 적용하기에 이르렀더라면, 우리는 훨씬 더 행복한 곳에서 살고 있을지 모릅니다. 하나님은 우주적 그리스도와 창조의 영 안에서 거기와 또한 여기에 우리와 함께 계십니다.

제가 '하나님께서 이 곳에 계시다'는 것을 일찍이 깨달았다면, 저는 창조 세계를 더욱 깊이 존중했을 것이며, 더욱 영향력 있는 청지기이자 옹호자가 되었을 것입니다. 당신도 그렇다고요? 맞습니다. 하나님은 이 곳에 계십니다. 당신이 어디에 있건 간에요.

인용

케냐에 있는 리프트 밸리(Rift valley)라는 숲을 돌보는 중요성에 대한 세미나를 하는 중, 한 노인이 물었다. "도대체 왜 수십 년 동안 여기에 온 선교사들은 하나님께서 우리가 숲을 돌보는 것에 관심이 있다는 것을 결코 말해주지 않았을까요? 그들은 왜 줄곧 발생한 파괴를 지켜보기만 했나요?" 코멘트를 하자면, 분명 이것은 단순히 선교사들의 실수가 아니라, 인간 중심적인 서구 신학의 편향과 편협함으로 인한 실수이다.

– 크레이그 솔리(Craig Sorley)

우리는 성스러운 땅에 영구히 서 있다. 왜냐하면 하나님은 불타는 떨기나무에서만 나타나시는 것이 아니라, 그 토양과 공기 중에도 현존하시며, 정말로, 모든 피조물의 기쁨과 고뇌를 나누고 계신다.

– 제임스 내쉬(James Nash)

창조는 하나님에 대한 본질적 가치를 갖고 있다... 우리는 절제심과 존경심을 가지고서 자연 자원을 사용해야 한다. 이곳은 하나님의 세계이지, 우리 인간의 드라마를 위한 중립지대가 아니다. 이곳은 성스러운 땅이다.

– 데이브 부크레스(Dave Bookless)

전 우주가 함께 신적 선(Divine goodness)에 더욱 완벽하게 참여하고 있으며 그 각각의 피조물 자체보다 그것을 더욱 잘 드러내고 있다.

– 리처드 로어(Richard Rohr)

행동

환경 행동 단체에 가입하고 당신의 시간과 기부금을 통해 그들을 도우세요.

더 많은 정보를 원한다면 이 링크를 참조하세요. www.environmentalaction.org.au

기도

우리 주변의 세계에 대해 감사하게 하소서.

모든 피조물, 돌과 식물에 대해 감사하게 하소서.

우리로 하여금 그들의 교훈을 배우고

그들의 진리를 좇게 하소서.

그리하여 그들의 길이 우리의 길이 되게 하소서.

우리가 조화 속에 더 나은 삶을 살게 하소서.

대지가 지속되게 하시고,

하늘도 지속되게 하시고,
비가 계속 땅을 적시게 하시고,
물을 머금은 숲이 계속 자라게 하소서.
그리하면 꽃들은 피어날 것이고,
우리 사람들은 다시 살 것입니다.

– 하와이 토속 기도문

20일차 티끌 한 점

읽기

다니엘 4:3

그가 보이신 표적은 놀라웠다. 그 베푸신 기적은 굉장하였다. 그는 영원히 왕위에 앉으시어 만대에 이르도록 다스릴 왕이시다.

우리가 그 안에서 먼지 한 점에도 미치지 못하는 우주가 여기 우리 앞에 있으며, 그 우주는 우리가 이 세상을 떠난 뒤에도 오래 지속될 것입니다.

창조세계는 인간이 아닌 창조세계 전체에 의존합니다.

모든 것이 생태계를 통해 연결되어 있기에, 만약 한 부분이 파괴된다면 창조세계 전체가 위협받습니다.

인간은 창조세계의 일부분이지 분리된 가닥이 아닙니다. 우리는 지구에 속해 있습니다.

성 크리소스트롬은 이렇게 기록하고 있습니다.

“창조에서 주님을 찬양하는 법을 배우십시오! 그리고 만일 보이는 가운데 어떤 것이 여러분의 이해를 넘어서고, 그것의 존재 이유를 찾을 수 없다면, 바로 이러한 이유로, 창조주의 지혜가 당신 자신의 이해를 능가하는 것으로 인해 창조주께 영광을 돌리십시오.”

인용

우리 시대에 일어나고 있는 깊은 변화는 점점 더 우리 자신이나 서로와의 관계에서보다 자연계에서 초월자의 진정한 흔적을 발견할 것이라는 점입니다.

– 폴 콜린스

우리가 우리를 둘러싼 우주의 경이로움과 실재에 보다 더 주의를 집중할수록, 우주 파괴에 대한 맛은 점점 줄어들 것이라고 믿습니다.

– 라카엘 카슨

실제로 지구에는 인간이든 그 밖의 다른 구성원이든 지구의 모든 존재를 포함하는 단 하나의 공동체가 존재합니다. 이 공동체 안에서 각각의 모든 존재는 자신의 존엄성, 내적 자발성, 충족시켜야 할 그 자신의 역할을 가지고 있습니다. 모든 존재는 각자의 목소리를 가집니다. 모든 존재는 전 우주에 대해 스스로 선언합니다. 모든 존재는 다른 존재들과 함께 공동체의 일부가 됩니다.

– 웬델 베리

어떻게 한 세대가 유독한 핵폐기물의 영향을 수천 명의 미래 세대에게 떠안기는 뻔뻔함을 가질 수 있는지요! 이 세대는 후손들에게 말할 수 없는 고통을 야기하는 지구 온난화와 그를 통한 기후 변화, 해수면 상승에 대해 어떻게 설명할 것입니까!

– 뉘른베르거

행동

수퍼마켓에서 식품 용기의 라벨을 확인하고, 쇼핑할 때마다 가능한 한 많이 현지 생산 제품을 구입하는 목표를 설정하십시오.

기도

창조주 영이시여,

우리가 이 창조세계의 복잡성과 그 전체 속에서

우리의 역할에 대해 이해할 수 있도록 도와주시옵소서.

아멘.

경이로운 하나님, 우리는 당신의 땅의 장엄함에 감사드립니다.

우리는 나무와 강, 푸른 초원이 당신의 작품이라는 것을 압니다.

우리는 당신이 우리에게 명령하신대로

그것들을 돌보지 않았음을 고백합니다.

오늘 느끼는 산들바람이 우리 공동의 집을 돌보도록

우리를 부드럽게 상기시키게 하여 주옵소서.

- 소저러스(Sojourners)

기후변화에 고통받는 사람들, 미래세대,

그리고 행성지구가 서로 사랑하며

함께할 수 있기를 바라며 기도합니다.

주님, 우리가 당신의 땅을

부드럽게 걸어가도록 도와주소서.

아멘.

- Walk on Earth Gently

21일차 거룩, 거룩, 거룩

읽기

이사야 6:3

그들이 서로 주고받으며 외쳤다. "거룩하시다, 거룩하시다, 거룩하시다. 만군의 야훼, 그의 영광이 온 땅에 가득하시다."

지구는 생명의 근원인 창조주의 정신의 임재를 위한 성전입니다.

때때로 '하나님의 영광'으로 번역된 '신의 임재'(kabod YHWH)는 모세가 40일 동안 경험한 불타는 임재로, 경이로운 불 구름으로 시나이 산에 나타납니다.

그 같은 불 구름이 하나님의 임재를 집중적으로 표현한 것처럼 장막을 가득 채웁니다.

이후 이사야가 성전에서 예배를 드릴 때, 같은 현존하심 앞에서, 세라핌 천사는 성전 주변을 날아다니며 '거룩하시다'(Sanctus)라는 유명한 합창을 부릅니다.

거룩하고 거룩하며 거룩하신 분은 만군의 주 야훼이십니다.
온 지구는 그의 존재로 가득 차있습니다.

인용

모든 생활에 부여된 권능으로 우리는 그 신앙을 지켜내도록 하자. 나는 사자를 길들이는 채찍과 의자가 아니라 경건한 마음으로 예배의 장소, 창조의 문에 들어가는 것이 현명하다고 생각하는 과학자이다. 그 예배당은 사원, 모스크 또는 대성당. 신성한 숲, 시간만큼이나 오래된 것들이다.

– 바바라 킹솔버(Barbara Kingsolver)

더 지속 가능하게 살고, 재활용하고, 소비를 줄이고, 허약한 세상의 조직을 재건하기로 선택하는 것은 바리사이파의 의무가 아니라 살아 계신 주 예수님을 경배하는 즐거운 행위이다.

– 데이브 부클레스(Dave Bookless)

우리는 모든 생명체뿐만 아니라 지구상의 모든 요소와 힘과 관련되어있다.

– 노먼 하벨(Norman Habel)

땅은 하늘과 어우러진다. 그리고 모든 일반적인 덤불은 하나님과 화합한다. 그러나 보는 사람들만이 신발을 벗는다. 그리고 그들이 성지에 서 있음을 인식한다.

– 엘리자베스 바렛 브라우닝(Elizabeth Barrett Browning)

행동

세탁의 오래된 방법(예를 들어, 탄산나트륨, 식초)들을 다시 발견하고, 가능하면 화학물질 세척제를 피하십시오.

기도

어머니 지구는 당신의 자녀의 소리를 듣습니다.

나는 당신의 풀밭에 앉아서

그 목소리의 울림을 경청합니다.

내 형제, 바람,

모든 구석과 방향에서 불어옵니다.

부드럽고 부드러운 빗방울은

여러분의 자녀를 위해 울어주는 눈물이랍니다.

어머니 지구여, 자녀의 소리를 들으십시오.

땅과 영의 세계를 이어주십시오.

바람이 선조들의 지식을

되울리게 하소서.

어머니 지구여, 자녀의 소리를 들으십시오.

이 세상에서 나의 길을 걸을 때 내 손을 잡아주십시오.

다시 한번 영의 세계에 들어가기 위해

서쪽 방향으로 돌아갈 때까지.

내가 구하는 교훈으로 인도하사,

나를 창조주께 더 가까이 데려가 주소서.

성스러운 불길이 기다리는 곳에서

만물을 창조하신 그분의 임재 안에서.

장로들의 협의회에 들어가리다.

- '키스킨툼' (kiisskeeN'tum-she who remembers), 아메리카 원주민 기도.

22일차 지구의 우주적 자궁

읽기

창세기 1:9~12

하나님께서 "하늘 아래 있는 물이 한 곳으로 모여, 마른 땅이 드러나라!" 하시자 그대로 되었다. 하나님께서는 마른 땅을 뭍이라, 물이 모인 곳을 바다라 부르셨다. 하나님께서 보시니 참 좋았다. 하나님께서 "땅에서 푸른 움이 돋아나라! 땅 위에 낟알을 내는 풀과 씨 있는 온갖 과일 나무가 돋아나라!" 하시자 그대로 되었다. 이리하여 땅에는 푸른 움이 돋아났다. 낟알을 내는 온갖 풀과 씨 있는 온갖 과일 나무가 돋아났다. 하나님께서 보시니 참 좋았다.

창세기 1장에 나오는 창조설화 중 셋째 날에, 하나님께서는 새로운 질서를 부여하십니다. 하나님은 '지구가 생겨라!'라고 말씀하지 않으셨습니다. 왜냐하면 지구는 이미 우주적 자궁인 깊은 물속에 존재하고 있었으니까요. 그 대신 하나님은 이렇게 말씀하셨습니다.

"하늘 아래 있는 물이 한 곳으로 모여, 마른 땅이 드러나라."

이 지구는 무로부터 창조된 것이 아니라, 원시의 물로부터 탄생하였습니다.

더욱이 하나님은 "생명이 있으라" 하고 말하지 않으셨고, "땅은 생명을 내어라" 하고 말씀하셨습니다. 삼일 째에 땅은 온갖 식물을 내었고, 이는 성서에 나오는 생명의 첫 형태입니다.

다섯째 날에 지구의 물은 온갖 생명체를 냅니다. 새, 물고기 그리고 큰 바다 괴물을 포함해서요. 같은 날에 지구의 땅은 걷거나 기어 다니는 온갖 짐승을 냅니다. 이렇듯 지구는 공동-창조자이고, 모든 생명체의 원조 조상입니다. 아담 또한 지구로부터 형성되었습니다. 이 지구는 우리의 모체이자 창조의 영과의 공동 창조자입니다.

그렇다면 지구라는 행성은 모든 구성원들이 진화하는 '과'(科,

family)의 핵심 생명체들의 원조 조상이라고 말할 수 있습니다.

인용

지구는 수백만 가지 방법으로 수백만 종을 탄생시킨 우리의 고대 조상이다. 그 물과 토양은 여전히 모든 형태의 생명을 위한 비옥한 자원이다. 사람은 이러한 가계도에서 특화된 구성원으로, 마치 자기 친족들이 어떻게 태어났는지 그 신비를 발견한 어린아이와 같다.

– 노먼 하벨(Norman Habel)

화성 탐사선 '큐리오시티'(Curiosity)호가 화성 토양에서 생명체를 찾겠다고 땅을 파대는 사이에, 우리는 지구에서 생명을 멸종시키는 일을 하고 있다는 것은 무척 아이러니하다.

– 존 크로퍼드(John Crawford)

지구라는 행성은 우주에서 아주 독특한 곳이다. 경이로운 창조물로 가득 찬 곳이고, 창조주로부터 받은 무상의 선물이다.

– 노먼 하벨(Norman Habel)

물 없이는 우리가 생존할 수 없음을 알기에 나는 싸우는 것이다. 나는 우리 공동체와 내 손녀들을 사랑하기에 이 일을 하는 것이다... 그들이 건강한 세상에 살 수 있도록 말이다.

– 레이나 오르티즈(Reyna Ortiz)

만물은 같은 숨을 공유한다. -짐승이건, 나무이건, 사람이건... 공기는 그것이 유지해주는 모든 생명과 '영'(spirit)을 공유한다.

– 시애틀 추장(Chief Seattle)

행동

텃밭에서 수확한 과일이나 야채가 남는다면 친구나 이웃과 나누어 보세요.

기도

성부 하나님,

우리의 상처를 보소서.

모든 창조물 중에서 유독 인간만이

성스러운 길에서 벗어났음을 알고 있나이다.

우리는 분리되어 버린 존재들이며,

다시 함께 연합하여 성스러운 길을 걸어야 함을 알고 있나이다.

성부 하나님, 거룩한 분이시여.

우리로 하여금 긍휼과 영예를 사랑하도록 가르치소서.

그리하여 우리가 지구를 치유하고

서로를 치유하게 하소서.

– 아트 솔로몬, 오비웨이 출신(Art Solomon, Obijway man)

23일차 기르신 대로 기르다

읽기

시편 139:13~15

당신은 오장육부 만들어주시고 어머니 뱃속에 나를 빚어주셨으니 내가 있다는 놀라움, 하신 일의 놀라움, 이 모든 신비들, 그저 당신께 감사합니다. 당신은 이 몸을 속속들이 다 아십니다. 은밀한 곳에서 내가 만들어질 때 깊은 땅 속에서 내가 꾸며질 때 뼈 마디마디 당신께 숨겨진 것 하나도 없었습니다.

지구의 깊은 곳은 창조주의 신비한 정신이 인간을 신비롭게 빚으시는 자궁입니다.

지구는 정말로 우리의 어머니이며, 우리가 이제 공개적으로 인정해야 할 법칙입니다. 행성 지구는 수천 년 동안 그녀의 아이들을 길러왔고, 사랑과 돌봄의 삶으로 그들을 마주해왔습니다.

우리는 지구가 우리에게 보여준 것과 같은 사랑으로 어머니 지구를 돌보아야 합니다.

지구를 돌봐야 하는 우리의 임무는 '에덴동산'이라 불리는 숲 속의 아담과 이브의 이야기에 이미 나타나 있습니다.

창세기 기자는 하나님께서 지구의 진흙으로 만들어진 붉은 첫 사람을 데려다가 그를 그 숲에 두시고 '이 동산을 지키고 돌보게'(창 2:15) 하셨다고 알려주고 있습니다.

과거에는 히브리어 '아바드'를 '경작하다'로 번역하기도 했지만, 일반적인 의미는 '섬기다'입니다. 인간은 지구와 지구상의 모든 생명체를 보존해야 하는 근원적인 사명을 가집니다.

아담과 이브가 에덴 밖의 삶 — 뱀의 삶, 출산의 고통, 가시, 엉겅퀴, 힘든 일 등을 경험할 때에도, 어머니 지구는 그들이 죽을 때 그들을 집으로 맞이합니다(창 3:14-19).

현실 세계에서 아담과 이브는 지구의 강한 사랑이 그들을 지탱한다는 것을 발견합니다.

인용

공기의 평온함, 계절의 섬세함, 빛의 기쁨, 소리의 멜로디, 색채의 아름다움, 냄새의 향기로움, 귀중한 돌의 광채 속의 달콤하고 즐겁고 기분 좋은 모든 것은, 세상의 베일을 뚫고 나오는 천국 바로 그것입니다.

– 윌리엄 로

나는 뿜어지는 것들의 냄새를 사랑합니다.

– 사라 페일린

우리는 행성 지구를 우리의 우주적 어머니로 인정합니다.
왜냐하면 행성 지구는 생명체가 자라난 우주의 자궁이기 때문입니다.
왜냐하면 행성 지구는 모든 형태의 생명체가 자라가기에 안전한 곳이기 때문입니다.

– 노먼 하벨

사랑은 상대방의 '존재감'에 대한 깊은 공감입니다.
당신은 당신 자신을, 당신의 본질을 다른 존재 안에서 인식합니다.

그래서 더이상 다른 존재에게 고통을 줄 수 없습니다.

– 에크하르트 톨레

우리는 창조세계를 오로지 사업의 기회로서가 아니라 정원으로서 바라보아야 합니다.

– 브루스 상우인

행동

빗물 탱크를 설치하여 빗물 시스템의 압력을 줄이고, 여름에 저장된 물을 사용하여 정원에 물을 주거나 물병을 채우십시오.

기도

주여,

우리에게 땅을 돌보고 가꿀 수 있는

지혜를 주시옵소서.

지금 우리가 미래 세대와 당신의 모든 생명체들을 위해

행동하도록 도와주시옵소서.

우리가 주님의 사랑의 언약에 근거한

창조의 도구가 되게 하여 주시옵소서.

아멘.

-〈지구의 외침(The Cry of the Earth)〉으로부터 발췌

24일차 두 책을 동시에 읽기

읽기

로마서 1: 20

하나님께서는 세상을 창조하신 때부터 창조물을 통하여 당신의 영원하신 능력과 신성과 같은 보이지 않는 특성을 나타내 보이셔서 인간이 보고 깨달을 수 있게 하셨습니다. 그러니 사람들이 무슨 핑계를 대겠습니까?

이제는 창조의 도서관에서 드문 책인 지구라는 자연의 책을 읽고 연구할 때가 되었습니다.

수세기 동안 아우구스티누스, 토마스 아퀴나스(Thomas Aquinas), 마틴 루터(Martin Luther)를 포함한 위대한 사상가들은 하나님의 두 권의 책, 즉 성서와 자연의 책을 발견했습니다. 지구 관리의 맥락에서 우리는 지구를 읽어야할 때가 되었습니다. 왜일까요?

행성 지구는 창조(Creation)라고 불리는 도서관에 있는 자연의 책으로, 과학과 이야기 및 놀라운 이미지로 가득 찬 드문 책입니다.

호주와 다른 나라의 원주민 조상은 세대를 거쳐 그 풍경을 읽었습니다. 그들은 풍경의 윤곽과 자연 세계의 디자인에서 이야기, 신비, 법과 창조주 영의 존재를 분별합니다. 우리 모두가 같은 시간을 보냈습니다.

성 바울로에 따르면, 하나님의 영원한 능력과 신성한 본성은 보이지 않지만 하나님께서 만드신 것들을 통해 분명히 드러납니다.

욥에게 우주의 여행을 위한 연구 과제 중 하나는 천둥과 번개, 구름, 새의 길과 지혜를 '보고/분별'하는 것입니다. 그의 우주적 '독서'(Reaing)후에 욥은 "나는 하나님을 보았다"라고 선언함으로써 응답합니다(욥기 42:5). 또한 이렇게 고백합니다. "과거에는 다른 사람들이 나에게 말한 것을 알았을 뿐이구나."

힘을 내십시오. 우리의 내면의 눈과 귀를 열고 지금 보고 있는 것이 하나님의 행성, 지구에서 일어나고 있다는 것에 대해 적절히 반응합시다.

인용

따라서 윌리암 템플이 웅변적으로 주장한 것처럼, 우리는 전체 물질적 존재가 본질적으로 거룩한 '성사적 우주'에 살고 있다. 왜냐하면 그것은 효과적인 계시의 도구이자 하나님과의 상통(communion)의 수단, 즉 은혜의 수단이 될 수 있기 때문이다.

– 제임스 내쉬(James Nash)

인간만이 하나님보다 지혜롭게 되려하기 때문에 하나님의 법에 불순종 하였다... 다른 창조물은 하나님의 계명을 이행한다. 그들은 [하나님의] 법을 존중하지만 .... 인간은 그 법을 거역하고 말과 행동으로 그들을 무시한다. 그렇게 하면서 그들은 나머지 하나님의 창조세계에 끔찍한 학대를 가한다.

– 힐데가르트 폰 빙엔(Hildegard of Bingen)

삶을 살아갈 수 있는 두 가지 방법이 있다. 하나는 아무것도 기적이 아닌 것처럼 사는 것이다. 다른 하나는 모든 것이 기적이라고 여기는 삶이다.

– **알버트 아인슈타인**(Albert Einstein)

자연의 책을 읽고 분별하기를 원하는 사람들은 마틴 루터(Martin Luther)가 하나님의 가면(larvae dei)과 같은 자연의 영역을 말하는 주장을 따를 것이다. 그의 견해는 우리가 창조주의 영의 가면인 자연의 책에서 볼 수 있는 장관의 이미지 뒤에 영의 얼굴 / 현존을 발견하도록 유발시킨다.

– **노만 하벨**(Norman Habel)

행동

플라스틱 폐기물에 대한 책임은 개인소비자가 져야 한다는 생각을 거부할 때입니다. 상업적 의사 결정권자가 자신의 방식을 어떻게 바꿀 수밖에 없게 할 것인지에 대해 시간을 내어 다른 사람들과 이야기하십시오. 사람들에게서 더 많은 의견을 기대해 보세요.

기도

오, 위대한 영이시여,
당신의 목소리를 바람 속에서 듣습니다.
당신의 숨결은 온 세상에 생명을 줍니다.

내 말을 들으소서. 당신의 힘과 지혜가 필요합니다.
저를 아름다움 속에서 걷게 하소서.
제 눈이 붉고 보랏빛나는 일몰을 보게 하소서.

이 손이 당신이 만든 것들을 존경하게 하시고
이 귀가 당신의 음성을 듣는데 예민하게 하소서.
오, 우리 주 하나님,
당신은 당신의 창조물에서도 너무나 사랑스러우시니,
당신 안에는 얼마나 극도의 아름다움과 매혹이 있겠나이까.
아멘.

– 하인리히 소이세(Henry Suso)

25일차 한계: 생명을 위하여

읽기

창세기 3:22

야훼 하나님께서는 '이제 이 사람이 우리들처럼 선과 악을 알게 되었으니, 손을 내밀어 생명나무 열매까지 따먹고 끝없이 살게 되어서는 안 되겠다.'고 생각하시고

모든 문화는 삶의 기원과 목적에 대해 고심해왔습니다.

히브리인들은 이러한 질문에 대해 고심했을 뿐만 아니라, 왜 우리가 하고자 하는 선은 행치 아니하고 우리가 피하려 하는 나쁜 것들은 하고 있는가(사도 바울을 인용함)에 대해 고민해왔습니다. 이브, 아담, 뱀 그리고 선악과는 바로 이러한 질문에 대한 대답이었습니다.

그들의 통찰력은 깊습니다. 우리가 평화로움 속에서 지속적으로 이 땅에 살려고 할 때, 할 수 있는 것과 가질 수 있는 것에는 한계가 있게 마련입니다.

이 지구 행성이 큰 스트레스에 놓여 있습니다. '자기-절제'라고 하는 것은 쓸데없는 말이 되었고 성장에 한계가 있다는 생각은 계속 커가는 경제적 성장에 대한 우리의 집착에 대해 위협을 주는 말이 되었습니다.

계속되는 인구 성장과 제한된 자원에 대한 우리의 방탕한 소비는 우리 자신과 모든 살아있는 것들을 위험에 빠뜨리고 있습니다.

인용

이러한 맥락에서 볼 때, 지구가 온전한 창조물이기는커녕, '사람'을 위해서 만들어졌다고 하는 생각은 터무니없을 뿐 아니라, 사악한 교만이다. 그것은 기독교 신앙에 대한 문화적 첨언이고, 그 신앙의 온전성에 대한 침해이다.

– 제임스 내쉬(James Nash)

지구 온난화에 대한 효과적인 투쟁은 책임 있는 집단적 응답을 통해서만이 가능하다. 특정 관심이나 행동을 뛰어넘는 것이고 정치적-경제적 압력을 떠나서 발전한다. 행동해야 하는 분명하면서도 결정적이고 불가피한 윤리적 명령이다.

– **프란시스 교황**(Pope Francis)

지난 사반세기 동안 우리는 지속적 성장과 새로운 이익 창출 기회를 위한 경제적 모델의 요구에 대한 지구 행성의 물리적 요구를 왜곡하면서, 온건한 점진적 변화로 접근하려고 노력해왔다. 그 결과는 끔찍하다. 우리가 실험을 시작했을 때보다 훨씬 더 위험한 상태로 우리 모두가 빠져들었다.

– **나오미 클라인**(Naomi Klein)

필요한 것 이상을 쥐는 소비나 생산 패턴에 참여할 때마다, 우리는 폭력에 동참하는 것이다.

– **반다나 쉬바**(Vandana Schiva)

행동

기후를 부인하는 논쟁들이 어떻게 형성되었는가를 배우고, 그들이 제시하는 거짓과 잘못된 정보에 대해 반론을 펴보세요.

자료 사용 방법은 다음 사이트를 참고할 것: https://www.skepticalscience.com

기도

주님. 우리로 하여금 오늘날 모든 면에서 위협받고 있는
자연에 대하여 경외하는 태도를 유지하게 하소서.
우리가 자연을 형제/자매의 위치로 완전히 회복할 수 있게 하시고
창조주 하나님의 영광을 위하여
온 인류에게 자연이 유용한 역할을 하도록 회복하게 하소서.
아멘.

26일차 탄식과 대응

읽기

창세기 4:12

네가 아무리 애써 땅을 갈아도 이 땅은 더이상 소출을 내지 않을 것이다. 너는 세상을 떠돌아다니는 신세가 될 것이다.

어떤 지역에서는 좋은 작물을 경작할 수 없는데, 그 이유는 토양 속에 주요한 혹은 미세한 요소들의 사소한 불균형으로 인한 것입니다.

한 지역에 에이커당 한 티스푼 분량의 구리와 아연을 5년에 한 번 씩만 투입해도 작물과 동물의 생산량을 배로 늘릴 수 있습니다. 하지만 지금의 문제점은 우리 인간이 이 땅을 스스로 황폐하게 만들고 있다는 것입니다.

관개용수에 염수를 과하게 사용하는 것, 산림파괴, 다산의 유도, 다량의 비 유기농 비료, 이것들은 방대한 경작지가 비생산적이 되는 원인이 되었습니다.

사람들은 '이 땅을 목적도 없이 떠돌고 있습니다.'

나중이 아니라, 바로 지금이 탄식하고 책임 있게 행동해야 할 시간입니다.

인용

진흙과 토양에 관한 정책에 영향을 끼칠 수만 있다면야, 나는 기꺼이 약과 병원을 포기하겠다. 항생제나 의료 기술이나 지식의 부족 이전에 토양과 깨끗한 물이 없어서 세상은 끝나게 될 것이다.

– 폴 W. 브랜드(Paul W. Brand)

고작 수십 년 안에, 환경과 자원 그리고 갈등과의 관계는 오늘날 인권과 민주 그리고 평화의 관계처럼 거의 자명하게 나타날 것이다.

– 왕가리 마타이(Wangari Maathai)

누군가 농토를 소유하고 있고 그 매년의 열매를 누리고 있다면 그는 그 땅을 자신의 부주의로 인해 훼손되도록 두지는 않을 것이다. 그는 자신이 그곳을 물려받았듯이 후손에게 그것을 전해주기 위해 노력할 것이다. 사치로 인해 그곳을 소멸시키려 하지도 않을 것이다. 즉 부주의로 인해 그곳이 손상되거나 망치게 두지도 않을 것이다. 우리 모두는 그가 소유한 모든 것에서 자신을 하나님의 청지기로 여겨야 할 것이다.

– **존 칼뱅**(John Calvin)

케냐의 농부들이 농업에 관한 성서적 훈련을 교회에서 받지 못했다고 하는 것을 우리는 비극으로 인식해야 한다. 그것은 서양 기독교인들에게도 똑같은 비극이다.

– **크레이그 솔리**(Craig Sorley)

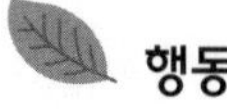

행동

개인적인 행동의 단순한 변화로 재앙적인 기후 혼란을 벗어날 수 있다고 생각하지 마세요. 그러한 도덕주의에 대해 도전하는 방법과 —정부, 산업 그리고 개인적 수준에서— 진정한 변화가 일어나야 하는 곳을 발견하도록 공부하십시오.

기도

주님,

당신의 재생 불가능한 자원에 대한
우리의 공격적 태도를 용서하시고
우리에게 주어진 모든 것에 대해
깊이 존경하고 관리할 수 있도록 도우소서.

당신이 만드신 모든 생명을 존경하게 하시고
우리가 오직 필요한 것만을 사용함으로써
우리 영이 힘을 얻게 하소서.
우리의 힘을 도움이 필요한 이를 돕는 데
사용하게 하소서. 아멘.

-수 엘렌 헤른(Sue Ellen Herne)

주여. 이 땅을 관리하고 경작하는 지혜를 허락하소서.

후손들과 당신의 모든 창조물의 유익을 위하여
지금 행동하도록 도우소서.

우리로 하여금
당신의 사랑의 계약에 근거한 새 창조의 도구가 되게 하소서.
아멘.

-〈지구의 외침(The Cry of the Earth)〉으로부터 발췌

27일차 폭넓은 관대함

읽기

집회서 7:32~33

가난한 사람들에게도 후하게 하여라. 그러면 주님의 충만한 복을 받으리라. 산 사람 모두에게 너그럽게 은덕을 베풀 것이며 죽은 사람에게까지도 은덕을 베풀어라.

우리가 슬픔을 함께 느끼는 것이 가능합니까? 물이 부족해서 몸부림치고 있는 사람들, 지구 온난화로 인해 고통받는 사람들, 빙하가 녹거나 서식지의 상실로 멸종하고 있는 종들과 슬픔을 함께 느낄 수 있을까요?

우는 자에게서 등을 돌리지 말라는 것이 무슨 뜻일까요?

우리가 모르는 사이에 무지함으로 인해 파괴하는 것에 일조한 것에 대하여 우리는 슬픔을 느낄 수 있을까요?

우리는 삶의 그물망, 생태계 망의 놀라운 신비의 일원이 아닌가요?

인용

창조물은 유한한 것이고 잠정적인 것이다. 어떤 신적인 존재가 아니다. 따라서 경배의 대상이 아니다. 하지만 고귀하고 사랑을 받아야 되는 존재이다. 그것이 하나님으로부터 사랑 받았기 때문이다. 영적인 현존에 거하고 있는 모두로서 사랑받아야 된다. 하나님이 머무르시는 사랑스러운 곳이다.

– 제임스 내쉬(James Nash)

기후변화는 전 세계적인 문제이다. 아주 심각한 뜻을 내포하고 있는 환경적, 사회적, 경제적, 정치적 문제이다. 선한 이익의 분배를 위해서 함의(含意)를 가지고 있다. 그것은 주요한 변화들의 하나를 대변한다. 오늘날 인간이 대면한 주요 도전과제 중 하나다.

– 프란치스코 교황(Pope Francis)

그분이 우리를 탐욕으로부터 명백히 구원한 것이 아니라면 그리스도의 구원사역을 완전하게 선포하는 것이 불가능하다. 우리가 소유물에 대해서 선한 청지기가 아니라면 그분의 주되심을 완전히 선포할 수 없다. 우리의 도움을 필요로 하는 자에게 우리가 마음을 닫는다면 그분의 사랑을 완전히 선포할 수 없다.

– 로널드 사이더(Ronald Sider)

환경 파괴와 사회 정의 문제는 분리될 수 없다. 그리스도의 사랑과 그분의 정의를 따로 분리할 수 없다고 믿는 것과 마찬가지다.

– 에드워드 R 브라운(Edward R Brown)

그들과 우리가 살고 있는 환경에 대한 돌봄 없이는 인간 형제, 자매를 돌보는 것이 불가능하다.

– 조나단 무(Jonathan Moo)

행동

당신의 올바른 신학적 접근법을 환경적 문제로 전개시켜 보세요. 그리고 당신이 속한 회중들을 움직이거나 감동을 주는 과정을 시작하세요. 각 집단들이 적절한 입장을 취하도록 흥미를 유발시키세요.

기도

마리아의 아들이시여
당신은 육신을 취하시고
당신을 피조세계와 모든 피조물에 연결시키면서
우리 세계로 들어오셨습니다.

당신은 경계 없는 사랑을 보여 주셨습니다.
친구들과 원수들과 참새들과 까마귀까지도.
당신은 죽음을 통과하셨고,
하늘에서, 땅에서 모든 것을 당신과 화해시키면서
우리를 희망 속으로 들어올리셨습니다.

상품이나 소유물에 집착하기보다
우리가 당신에게 매달릴 수 있도록
당신의 섭리 안에서 우리의 믿음을 굳건하게 하소서.

그리고 이 세상의 모든 피조물들을 위한

당신의 길을 추구하도록 가르쳐 주소서.

주님은 살아계시고 영원히 다스리시나이다.

아멘.

- 순행성가, 그리스도 승천 전(前)주간 전례 중(Processional Hymn - Rogation Liturgy)

28일차 다스림=섬김

읽기

창세기 1:28

하나님께서는 그들에게 복을 내려주시며 말씀하셨다. "자식을 낳고 번성하여 온 땅에 퍼져서 땅을 정복하여라. 바다의 고기와 공중의 새와 땅 위를 돌아다니는 모든 짐승을 부려라!"

이 말씀에서 하나님은 창조물을 순서대로 열거하십니다. 바다의 물고기, 하늘의 새, 땅의 가축과 야생 동물. 하나님의 눈에 이 모든 것이 보시기에 좋았습니다. 인간은 하나님이 하시는 것처럼 그것들을 돌보도록 요청받습니다. '다스리다(have dominion over)'라는 것은 무엇을 의미합니까? 『히브리어 아람어 고전어 사전, 제2권』(루드윅 쾰러, 월터 바움가트너 지음, 레이든 2001)에 따르면, "이 동사의 기본 의미는 지배하는 것(to rule)이 아니다; 사실 이 단어는 목자가 양떼를 이끌고 다니는 것을 나타냅니다." 창세기는 인간에 독특한 힘을 부여하지만, 그 힘은 창조세계를 섬기기 위한 것입니다.

"하나님께서 여러분에게 맡겨주신 양떼를 잘 치십시오. 그들을 잘 돌보되 억지로 할 것이 아니라 하나님의 뜻을 따라 자진해서 하며 부정한 이익을 탐내서 할 것이 아니라 기쁜 마음으로 하십시오. 여러분에게 맡겨진 양떼를 지배하려 들지 말고 오히려 그들의 모범이 되십시오. 그러면 목자의 으뜸이신 그리스도가 나타나실 때에 여러분은 시들지 않는 영광의 월계관을 받게 될 것입니다"(베드로전서 5: 2-4).

인용

이웃과 온화하고 평화로운 관계를 쌓아가야 하듯이, 자연 환경에 대해서도 동일한 태도를 가져야 합니다. 도덕적으로 말해서, 우리는 우리의 전체 환경에 관심을 가져야 합니다.

– 달라이 라마

아씨시의 프란시스는 경건하게 귀 기울이는 그의 "작은 자매" 새들에게 설교하며 말했습니다. "너희 창조주가 너희를 사랑하시며, 너희를 인자하게 돌보신다." 프란시스는 그의 성스러운 감각, 타고난 신비주의로 "모든 피조물 속에서 하나님을 사랑할 뿐만 아니라 존경했습니다."

– 제임스 내시

우리를 향한 하나님의 보살핌은, 거의 모든 경우에, 우리가 그의 창조물을 대하는 방식과 정반대됩니다. 하나님은 주시고, 우리는 취합니다. 하나님은 우리의 최선을 찾으시고, 그가 돌보시는 것들은 그분의 보호아래 꽃을 피우고 번성합니다. 그와 대조적으로, 우리는 창조물이 우리 손아래서 시들고 죽는 동안, 우리 자신을 위한 최선을 추구합니다. 이것은 경건한 다스림이 아닙니다.

– 에드워드 R. 브라운

행동

환경에 대한 의식이 당신의 영성과 기도, 그리고 삶에 임하는 자세에 어떤 영향을 줄 수 있는지 발견하십시오. 이곳에 올려진 기도문을 사용하거나 그 밖의 온라인 검색과 자료들을 찾아 활용하십시오.

기도

성령 하나님,

우리에게 이해할 수 있는 마음을 주세요.

우리가 주는 것 이상으로 창조세계의 아름다움을 빼앗지 않도록,

탐욕을 위해 파괴하지 않도록,

지구를 아름답게 하는 일에 함께하기를 거부하지 않도록,

우리가 사용할 수 없는 것을 취하지 않도록 해주세요.

아멘.

29일차 생태적 나르시시즘

읽기

시편 8:5-8

그를 하나님 다음가는 자리에 앉히시고 존귀와 영광의 관을 씌워주셨습니다. 손수 만드신 만물을 다스리게 하시고 모든 것을 발밑에 거느리게 하셨습니다. 크고 작은 온갖 가축과 들에서 뛰노는 짐승들하며 공중의 새와 바다의 고기, 물길 따라 두루 다니는 물고기들을 통틀어 다스리게 하셨습니다.

"인간들은 어떻게 우리가 유일하거나 (또는) 심지어 주요 사건으로 생각할 수 있었을까? 우리는 지구가 우주의 중심이라고 생각했을 뿐만 아니라; 우리는 우리의 인간만이 하나님께서 정말 신경 쓰셨던 단 한 가지(유일한) 종이라고 확신했습니다. 모든 창조물은 단지 인간 드라마를 위한 무대입니다. 이것을 보통은 자아도취(나르시

시즘)라고 하죠. 우리는 다른 모든 것들로부터 영혼을 추출했어요. 자연은 단순히 우리의 소비를 위한 활용의 목적으로 존재하였습니다."

"이러한 신념 체계로, 우리는 자신의 주변 환경으로부터 심오한 소외상태 속으로 들어갔습니다."

"우리는 더이상 이 세상에 속하지 않았습니다. 왜냐하면 소유할 만한 가치가 있는 것은 아무것도 없었기 때문입니다. 그것은 더이상 자연적으로 신성하지 않았고, 우리의 존경이나 존중을 받을 자격도 없었습니다. 우리는 지구를 훼손하고, 약탈하고, 오용할 수 있었습니다. 우리는 동물을 고문하고 생태계를 파괴할 수 있었습니다. 왜냐하면 우리는 그들이 고유한 가치를 갖고 있지 않다고 생각했기 때문입니다. 우리는 마치 우리가 전권을 쥔 것처럼 행동했습니다."

–리처드 로어(Richard Rohr)

인용

우리는 우리에게 유익한 것이 세상에 좋을 것이라는 가정 하에 삶을 살았다. 우리가 틀린 것이다. 우리는 세상에 선한 것이 우리에게 좋을 것이라는 반대의 가정에 따라 생활할 수 있도록 우리의 삶을 변화시켜야 한다. 그것은 우리가 세상을 알고 그것에 대해 좋은 것을 배우려는 노력을 요구한다.

– 웬델 베리(Wendell Berry)

2006년 12월 11일, 50피트의 향유고래가 패러론섬(Farallon) 근처의 꽃게잡이용 그물에 얽히게 되었다. 고래가 그물에서 풀려나게 해줬던 당시의 증인들은 고래가 바다로 100야드 밖에서 수영한 다음, 구조대원들 한 명 한 명에게 각각 돌아와 "감사하다는 말을 하는 것은 놀랍고 잊을 수 없다"라고 느꼈다고 말했다. 은총이 절박하다.

– 브루스 생귄(Bruce Sanguin)

인류는 생명의 거미줄을 짜지 않았다. 우리는 그 안에 단지 한 가닥일 뿐이다. 우리가 웹에서 어떤 일을 하든지 간에 우리는 스스로 할 수 있는 게 없다.

– 시애틀 추장(Chief Seattle)

자연에 대항하는 인류는 결국 자신과의 전쟁에 있다.

—무명(Anon)

시편 8편에서 중심적인 메시지는 하나님께서 인간에게 하나님의 피조물에 대한 권위를 주셨다는 것일 수 있지만, 그 메시지는 우리를 둘러싼 하나님의 권위로 시작하고 끝난다. 인간의 통치가 무엇이든 간에 그것은 우리를 둘러싼 하나님의 지배에 의해 한정되고, 제한되고, 인도되고 제한된다.

— 에드워드 R. 브라운(Edward R. Brown)

행동

음식을 버리기 전에 주의 깊게 생각하십시오. 이것을 사용할 수 있을 것인지, 보관할 것인지, 재사용할 것인지를 생각하십시오.

기도

주 하나님,

산불이 성을 내고 홍조가 망치는 때에도,

당신이 우리를 동원하여 당신의 땅을
돌보게 하시도록 기도할 것입니다.
우리는 그 안에서 하나이며,
그것도 우리와 함께 하나이기 때문입니다.

-순례자들(Sojourners)

사랑의 하나님
우리가 당신의 존전에 머물 때에,
당신이 창조한 모든 것의,
당신에게서 비롯된 모든 것의,
당신의 무궁무진 자비의
무한한 아름다움을 이해할 수 있게 하소서.

당신은 다른 사람들과 모든 피조물에 대한
우리의 관심을 증진시킵니다.
우리가 모든 것의 가치를 발견하고
인간 가족에 평화를 전하는 자 되도록 가르치소서. 아멘.

-알로이스 수사, 테제 공동체(Br Alois, Taize Community)

30일차 나의 작은 집

읽기

시편 24:1

이 세상과, 그 안에 가득한 것이 모두 야훼의 것,
이 땅과 그 위에 사는 것이 모두 야훼의 것.

저는 남호주의 작은 집에 대한 등기를 가지고 있습니다. 그것은 제가 주인이라는 뜻입니다. 이 말은 내가 원하는 무엇이던 할 수 있는 자격이 있다는 것입니다(의회의 지침 내에서). 이는 농장, 공장, 광산 그리고 면허와 동일합니다. 그러나 만약 지구가 정말로 하나님의 것이라면, 저는 제 재산의 훌륭한 청지기가 되기 위해 도전받고 초대받았습니다.

지구는 우리가 책임감 있게 사용하고 암사자가 새끼들을 돌보듯이 보살피기 위한 것입니다.

창조의 영역은 무한한 것이 아닙니다. - 만약 우리가 그것을 남용한다면, 우리는 재생과 생존의 능력을 파괴할 것입니다. 창조에 대한 보살핌은 신자로서 우리 삶의 중심입니다.

당신이 진짜로 소유한 것이 무엇이라 생각하십니까?

어떤 부분이 당신에 의해 창조되고, 어떤 부분이 신의 창조적인 신비로움부터 오는 것입니까?

시편은 이 사순절이나 일 년 중 어느 때에 당신의 태도를 재설정하도록 도전하거나 초대합니까?

인용

우리는 조상으로부터 지구를 물려받지 않고, 우리 자녀들에게서 지구를 빌려 쓰는 것이다.

– 미원주민 격언(Native American Proverb)

우리가 자연 환경에 반응하는 방식은 직접적으로 우리가 인간을 대하는 방식을 반영한다. 환경을 이용하려는 의지는 피할 수 있는 인간의 고통을 기꺼이 허용하려는 의지에서 드러난다. 그래서 자연환경의 생존은 곧 우리 자신의 생존이다. 자연에 대한 범죄는 우리 자신에 대한 범죄, 하나님에 대한 죄악이라는 것을 언제쯤 이해할 수 있을 것인가?

– 동방정교회 총대주교 바르톨로메오

(His All-Holiness Ecumenical Patriarch Bartholomew)

만약 지구가 주님의 것이고 우리가 그것을 돌볼 책임이 우리에게 주어진다면, 전례 없는 공공기물파손죄의 반달리즘에 기독교인들은 어떻게 대응할 것인가?

– 앨 고어(Al Gore)

수천 명의 환경운동가들은 교회가 단순히 이 주제에 너무 침묵해 왔기 때문에 복음을 거부해 왔다.

– 크레이그 솔리(Craig Sorley)

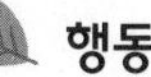

행동

'탄소 마일리지'가 무엇을 가리키는지를 알아본 다음, 쇼핑할 때 마음속에 기억하십시오.

기도

주여,

우리의 우선순위를 끊임없이 당신의 우선순위와

일치시키게 도와주소서.

온 창조세계의 멘토와 보호자가 되도록 도와주소서. 아멘.

창조의 하나님,

당신은 밤과 낮을 창조하셨습니다.

당신은 하늘로부터 바다를 분리하셨습니다.

당신은 모든 살아있는 피조물에 생명을 주셨고

그것을 좋게 보셨습니다.

우리가 당신의 창조의 위엄과 다시 연결되게 도와주소서. 아멘.

31일차 좌초된 지속력?

읽기

예레미야 2:7

나는 너희를 이 기름진 땅에 이끌어 들여 그 좋은 과일을 먹게 했는데 너희는 들어와서 나의 땅을 부정하게 만들었다. 이 땅은 나의 것인데 너희가 더럽게 만들었다.

우리를 유지하는데 필요한 모든 것을 가진 세상 안에서 살고 있습니다. 그러나 우리는 탐욕으로 육지, 대기 그리고 대양을 오염시켰습니다.

온도와 해수면의 상승, 그리고 극심한 가뭄과 태풍이 우리 삶과 농업과 기반시설을 위협하는 불확실하고도 위험한 미래를 우리는 마주하고 있습니다.

미래 세대는 우리의 교만과, 안락에 대한 맹목적 추구를 물론 회고할 것이며, 하나님이 주신 인자하고도 풍요로운 선물을 우리가 남용한 것에 대해 분개할 것입니다.

인용

나는 자연에 대해 하나님께서 매 시간 우리에게 말씀하시는 무제한적인 방송국이라고 생각하곤 한다.

– **조지 워싱턴 카버**(George Washington Carver)

구약 예언자들이 오늘날을 본다면 무엇에 대해 분개할까? 그들은 우상 숭배에 대해 분개했다. 우리는 조각상을 제조 상품으로 대체하면서 지금 같은 짓을 하고 있지 않은가? 우리는 다른 나라의 신상에 대한 숭배를 다른 나라의 물품에 대한 숭배로 바꿔놓지 않았는가?

– **바부**(Babu)

만약 당신이 부정의(injustice), 폭정, 환락과 탐욕을 싫어한다면, 자신 안에 있는 이것들을 미워해야 한다.

– **마하트마 간디**(Mahatma Gandhi)

복음은 만연한 소비지상주의(consumerism)라는 우상을 지적하고 있다. 우리는 맘몬(mammon)이 아니라 하나님을 섬기도록 부름 받았고, 탐욕이 가난을 영속시키고 그것을 팽개친다는 것을 인지하여야 한다. 동시에, 복음은 부자로 하여금 회개로 부르고 있고, 용서의 은혜로 변화된 이들과의 친교에 그들을 들어오도록 초청하고 있다는 점은 기쁜 일이다.

–『케이프타운 위원회*The Cape Town Commitment*』 중에서

행동

당신의 이동의 의미를 충분히 고려하세요. 이 여정이 꼭 필요한 것인가요?

'내가 그것을 연기하여 다른 일정과 합할 수 있을까?'

'전화나 화상통화(Skype)나 소셜 미디어를 사용할 수 있을까?'

'걷거나 자전거를 탈 수 있을까?'

기도

주여,

우리로 하여금 남들도 살 수 있도록
지속 가능한 삶을 살게 하소서.

전능하신 하나님.
주님의 뜻은 이 땅이 철을 따라 열매를 맺는 것이옵니다.
땅에서 일하는 이들의 노동을 인도하시어
그들이 자연의 자원을 당신의 영광에 맞게 취하게 하시고
우리 자신의 행복과 궁핍한 이들의 구제를 위하여
사용하게 하소서.
우리 주 예수 그리스도의 이름으로 기도하나이다. 아멘.

- 영국 성공회 교회, 『대안 예배서*Alternative Service Book*』 중에서

32일차 문화는 아침마다 믿음을 먹는다

읽기

로마서 12:1~2

그러므로 형제 여러분, 하나님의 자비가 이토록 크시니 나는 여러분에게 권고합니다. 여러분 자신을 하나님께서 기쁘게 받아주실 거룩한 산 제물로 바치십시오. 그것이 여러분이 드릴 진정한 예배입니다. 여러분은 이 세상을 본받지 말고 마음을 새롭게 하여 새 사람이 되십시오. 이리하여 무엇이 하나님의 뜻인지, 무엇이 선하고 무엇이 그분 마음에 들며 무엇이 완전한 것인지를 분간하도록 하십시오.

시대를 거치며 계속해서 바울은 그리스도인들에게 음식, 성, 판단, 용서, 술 등에 관한 오랜 도덕적 가치를 다시 생각하고, '그리스도로 옷 입으라'고 호소합니다.

로마인에게 보낸 놀라운 편지에서, 바울은 여기 12장에서 신학에서 삶으로 방향을 전환하고 있습니다. "마음을 새롭게 하여 새 사람이 되십시오."

현자는 "문화는 아침마다 믿음을 먹는다"고 말하고 합니다. 우리의 현재 문화적 편견은 우리가 비용을 계산하지 않고 소비하도록, 사람과 자원을 불법적으로 이용하고, 가치나 장기적 영향에 대해 너무 많이 신경 쓰지 않고 우리의 기술, 산업 및 정치력을 사용하도록 권장합니다.

바울은 "마음을 새롭게 하여 새 사람이 되십시오"라고 말했습니다. 즉, 당신의 오래된 인간 중심적 사고를 버리고, 자비로운 지구 시민으로 살라는 것입니다. 다른 사람들이 단순히 살 수 있도록 단순하게 사십시오. 당신이 생태계의 복잡하고 영향력 있는 한 부분임을 인정하십시오. 지구 위에 가볍게 발을 디디십시오. 당신이 원시의 점액으로부터 왔음을 인정하십시오. 당신의 만족과 미래 세대의 존엄한 생존을 위해, 새로운 희망과 기쁨으로 하나님의 창조 세계를 돌보십시오.

인용

우리의 임무는 모든 생명체와 자연과 그 아름다움을 받아들이도록, 우리의 긍휼의 마음을 넓혀 포로된 상태에서 우리 스스로를 자유롭게 해야 하는 것입니다.

– 앨버트 아인슈타인

제임스는 "행동 없는 신앙은 죽은 것입니다. 그러나 구원의 포괄성에 대한 감각을 잃어버린 믿음은 죽은 것입니다"라고 말합니다.

– 바부

행동

새 차를 구입할 예정이신가요? 연료 효율이 좋은 자동차 - 하이브리드 또는 전기차를 구입하십시오.

기도

우리는 우리의 삶을 단순화합니다.

우리는 적은 소유로 기쁘게 삽니다.

우리는 우리가 가질 수 있는 환상을 놓아 줍니다.

우리는 대신 창조합니다.

우리는 이동성의 환상을 떨쳐 버립니다.

우리는 고요함 속에서 여행합니다.

우리는 집에서 여행합니다.

촛불 옆에서, 정적 속에서, 꽃 앞에서,

우리는 순례합니다.

우리는 우리의 삶을 단순화합니다, 아멘.

– 마이클 루닉(Michael Leunig)

33일차 동시에 위아래를 보기

읽기

신명기 10:12~14

이제, 너 이스라엘아! 야훼 너희 하나님께서 너희에게 바라시는 것이 무엇인지 아느냐? 너희 하나님 야훼를 경외하고 그가 보여주신 길만 따라가며 그를 사랑하는 것이요 마음을 다 기울이고 정성을 다 쏟아 그를 섬기는 것이 아니냐? 내가 오늘 너희에게 명령하는 야훼의 계명과 규정을 지키는 것이 아니냐? 이것이 너희가 잘되는 길이다. 그렇다. 하늘과 하늘 위의 또 하늘, 그리고 땅과 그 위에 있는 것 모두가 너희 하나님 야훼의 것이다.

모세는 그 백성들에게 동시에 위아래를 보는 새로운 기술을 개발해야 할 필요가 있다는 메시지를 전달했습니다.

주님의 계명과 지도를 보는 동안 동시에 '세상과 그 안에 모든 것'을 내려다보십시오.

최근에 저는 서호주 남서부의 거대한 유칼립투스 숲을 방문했습니다. 여기서 저는 이 글에서 이스라엘인의 문제를 경험했습니다. 저는 그 점잖은 거대한 나무의 높이 치솟은 장엄함을 보기를 원했지만, 저는 또한 발밑의 난초와 야생화도 내려다보고 싶었습니다.

저는 위아래를 동시에 보는 (비-이중적) 능력을 개발하려고 노력했습니다. 아래를 보는 동안, 내 시야 저편에 장엄한 '위'가 있다는 것을 알아차립니다. 반면에 위를 보면, 나의 발에 있는 섬세한 아름다움의 인식이 발달합니다.

우리의 삶속에 새로운 기술과 같은 성장이 가능할까요?

우리가 정신, 윤리, 생활양식의 문제를 - 동시에 위아래로 보는 삶의 실제적인 일상 업무와 균형을 유지하는 기술을 개발할 수 있을까요?

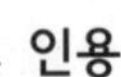

인용

창조된 세상의 아름다움, 모든 창조물을 보호하라... 우리의 삶 안에 환경을 존중하고, 하나님의 창조물 각각을 존중하라.

– 교황 프란치스코(Pope Francis)

하나님과 결합하는 길 안에, 사람은 어떤 방법으로도 생명체를 제쳐 두지 않고, 죄악으로 온 우주가 어지러워져도, 마침내 은혜로 변형될 수 있도록, 그의 사랑 안에 모인다.

– 블라디미르 로스키(Vladimir Lossky)

알버트 슈바이처는 모든 유기체에 대한 도덕적 책임을 충당하기 위해 사랑의 의미를 넓혔습니다. "생명을 위한 은총의 윤리는 보편성 안으로 넓어진 사랑의 윤리입니다. 그것은 사고의 논리적인 결과로써 현재 인정된 예수의 윤리입니다."

– 제임스 내쉬(James Nash)

세상을 발전시키는 곳은 자신의 마음과 머리와 손에서 시작된다.

– 로버트 M. 퍼시히(Robert M. Persig)

우리는 생명의 저자를 알기 위해 창조의 책을 읽도록 창조되었다.

– 일리아 델리오(Ilia Delio)

행동

휴일을 계획할 때 여러분의 선택이 여러분이 책임져야 할 배기가스에 큰 변화를 줄 수 있다는 것을 기억하세요. 항공 여행은 우리 환경에 가장 큰 영향을 미칩니다. - 특히 국제선 항공여행은 더욱 그렇습니다. 필수적인 여행만으로 제한하십시오. 현지에서 휴가를 보내세요.

기도

주님, 끊임없이 우리에게 당신을 계시해 주심을 감사드립니다.
우리는 너무나 빨리 하늘을 땅으로부터 분리시키지만,
당신은 당신의 손으로 만든 만물 안에서 빛나십니다.
이 땅의 아름다운 안에서 기뻐하는 것이
당신을 찬미하는 또 다른 방법임을 알게 하소서.
아멘.

34일차 환경 기도문

읽기

마태복음 6:9~13

그러므로 이렇게 기도하여라. 하늘에 계신 우리 아버지, 온 세상이 아버지를 하나님으로 받들게 하시며 아버지의 나라가 오게 하시며 아버지의 뜻이 하늘에서와 같이 땅에서도 이루어지게 하소서. 오늘 우리에게 필요한 양식을 주시고 우리가 우리에게 잘못한 이를 용서하듯이 우리의 잘못을 용서하시고 우리를 유혹에 빠지지 않게 하시고 악에서 구하소서.

우리는 이 기도문을 매우 빨리 암송하곤 합니다. 너무 빨리 읽다 보면 실제로 말하고 있는 것의 의미를 놓칠 수도 있습니다. 좀 천천히 읽어보면 안 될까요? 한 번에 한 구절만 읽어보는 것은 어떨까요? 기회가 된다면, 해수면 상승, 가뭄, 태풍, 기후 변화의 이 시대에 이 구절이 의미하는 바가 무엇인지를 묵상해보는 것은 어떨까요?

기도를 보면 하나님의 뜻이 하늘에서와 같이 땅에서도 이루어지게 하소서라는 부분이 있습니다. 바꿔 말하자면, 땅이 그만큼 중요한 것입니다.

그것은 우리의 죄 그리고 용서로의 요청을 인지하고 있습니다. 우리가 이 땅과 다른 피조물을 잘못 사용해온 길에 대해서 반성해볼 수 있습니다.

'오늘 우리에게 필요한 양식을 주시고' — 우리에게 필요한 것보다 우리가 더 취한다면 그런 우리 삶의 패턴은 타인에게 어떤 영향을 끼칠까요? 그리고 그렇게 함으로써 이 땅을 착취한다면 어떻게 될까요?

'우리를 유혹에 빠지지 않게 하시고' — 우리가 주변 환경을 안복을 위한 선한 목적으로 사용하지 않으려는 유혹을 받는다면 결론적으로 무슨 일이 일어날까요?

우리는 피조세계를 이용하려는 우리의 필요와 그것을 보존하고 지키려는 필요를 어떻게 잘 조화시킬 수 있을까요?

인용

'오늘 우리에게 필요한 양식을 주시고'라고 기도하면서 기도가 응답되었을 때 그것을 나누지 않으려 하는 것은 하나님께 대한 모독이다.

– 알버트 판 덴 호이벨(Albert van den Heuvel)

내가 태어났을 때 심어진 진정한 자아(true self)라는 씨앗에 대해 알게 되면서, 내 자신이 심겨진 생태계에 대해서도 알게 되었다. 상호간의 관계성의 네트워크 안에서 나는 모든 종류의 존재들과 응답적으로, 책임을 갖고, 기쁘게 살도록 부름 받았다.

– 리처드 로어(Richard Rohr)

우리는 창조의 책을 읽어내고 그 생명의 저자(the Author of Life)를 알도록 창조되었다. 이 창조의 책은 하나님의 속성에 관한 표현이고, 우리 인간으로 하여금 중요한 의미, 말하자면, 역동적이고도 자기-확장적인(self-diffusive) 사랑의 영원한 삼위일체에 맞추도록 이끌어 준다.

– 일리아 델리오(Ilia Delio)

행동

옷가지나 가전제품 등을 고칠 수 있는 지역 주민을 찾아보세요. 아니면 당신이 직접 배우기를 도전해 보세요.

기도

우주의 광대함과 예수 안에서 우리 육신을 취하시는
친밀함을 함께 지니신 하나님이시여,
저희가 서로를 그리고 당신의 피조물을 대할 때에,
사랑과 부드러움의 지경을 조금 더 이해할 수 있도록
우리를 도우소서.
아멘.

35일차 지속성을 위한 자각

읽기

로마서 1:20

하나님께서는 세상을 창조하신 때부터 창조물을 통하여 당신의 영원하신 능력과 신성과 같은 보이지 않는 특성을 나타내 보이셔서 인간이 보고 깨달을 수 있게 하셨습니다. 그러니 사람들이 무슨 핑계를 대겠습니까?

"따라서, 피조물 속에 들어있는 그러한 위대한 영광에 눈을 뜨지 못하는 이는 장님이나 다름없습니다. 그러.한 위대한 외침에 대해 귀 기울이지 않으려는 자는 귀머거리입니다. 이 모든 것에서 하나님께 찬양을 드리지 않는 이는 벙어리와 같습니다. 그토록 많은 표징을 보고서도 제1 원인을 찾지 못한다면 그는 어리석은 자입니다. 그러므로 여러분, 눈을 여십시오. 여러분의 영혼의 소리에 귀를 기울이십시오. 굳게 다문 입술을 여시고, 모든 피조물 안에서 하나님을 보고 듣고 찬미하고 사랑하고 공경하고 송축하고 그 영광을 기릴 수 있도록 여러분 마음가짐을 가지십시오. 그렇지 않으면, 온 우주가 여러분을 대항하여 들고 일어날 것입니다."

– 성 보나벤투라(St. Bonaventura)

인용

온 창조를 당신의 마음으로 두루 살피라. 도처에서 피조세계는 당신에게 소리칠 것이다. "하나님이 저를 만드셨어요."... 다시금 하늘을 살피고 땅을 두루 보라. 빠짐없이 살피라. 모든 곳에서 만물이 당신에게 그 주인을 외치고 있다. 더욱이, 피조물의 지극한 양상이 창조주를 찬미하는 음성 그 자체인 것이다.

– 아우구스티누스(Augustine)

우주 자체는 신성함에 대한 최우선의 계시로 이해될 수 있다.

– 토마스 베리(Thomas Berry, 1914–2009, 가톨릭 사제이자 환경신학자)

우리가 자연계의 영화로움을 망각한다면 바로 신성에 대한 감각도 잃는 것이다.

– 토마스 베리(Thomas Berry)

행동

새로운 장비—컴퓨터, TV, 핸드폰 등—를 사려는 계획이 있을 때, 그 동기를 분석해보세요. 새 장비가 정말 지금 당장 필요한 것인가요?

기도

하늘과 땅과 바다
산림과 바위를 통해,
성물과 교회 건물과 십자가
천사들과 사람을 통해,
유형과 무형의 모든 피조물을 통해,
창조주와 조물주요
모든 것을 만드신 오직 주님께
흠숭과 영광을 드리나이다.

아멘.

- 키프러스의 성 레온시우스(Leontius of Cyprus)

사랑의 하나님,

당신은 우주 속에,

피조물의 가장 큰 것과 또한 가장 작은 것 안에 계시나이다.

당신의 인자하심으로 모든 존재하는 것들을 감싸 주소서.

아멘.

36일차 배제적이 아닌 포괄적인 언약

읽기

창세기 9:12-15

하나님께서 또 말씀하셨다. "너뿐 아니라 너와 함께 지내며 숨 쉬는 모든 짐승과 나 사이에 대대로 세우는 계약의 표는 이것이다. 내가 구름 사이에 무지개를 둘 터이니, 이것이 나와 땅 사이에 세워진 계약의 표가 될 것이다. 내가 구름으로 땅을 덮을 때, 구름 사이에 무지개가 나타나면, 나는 너뿐 아니라 숨 쉬는 모든 짐승과 나 사이에 세워진 내 계약을 기억하고 다시는 물이 홍수가 되어 모든 동물을 쓸어버리지 못하게 하리라."

어떤 관계에서처럼, 때로 우리는 모두 우리 자신에게 사로잡혀 주위에 있는 사람들을 잊어버리기 쉽습니다. 때때로 우리는 그것이 전부 우리에 관한 것이라 생각하며, 순식간에 균형감을 상실할 수도 있습니다.

이 첫 번째 언약에 표현된 하나님의 구원의 은혜는 하나님이 만드신 모든 것을 포함합니다. 인간을 위해 배타적으로 만들어진 것이 아닙니다!

하나님의 언약은 (네 번이나 반복되듯이!) 노아의 가족, 땅 그리고 모든 생명체와 맺어진 것입니다. 우리 인간은 하나님의 창조의 일부분일 뿐입니다.

언약의 무지개가 하늘에 나타날 때, 우리의 관점이 회복되길 원합니다. 창조와 구원은 우리뿐 아니라 모든 생명체에 속한 것입니다.

우리가 포괄적인 구원의 은혜를 온전히 인정할 때, 우리와 창조세계는 개별적이고 전체적인 구속을 향해 한 걸음 더 나아갈 것입니다.

인용

이런 맥락에서 모든 생명은 고사하고, 지구가 인간을 위해 만들어졌다는 생각은 터무니없을 뿐만 아니라, 이것은 기독교 신앙에 대한 문화적 부록으로 그 신앙의 온전함을 침해한다.

— 제임스 내쉬

하나님의 선하심은 한 생명체에 의해서만은 적절하게 표현될 수 없기 때문에, 하나님은 많은 다양한 생명을 창조하셨습니다. 한 생명에게 하나님의 선하심을 나타내는 데에 필요로 한 것이 다른 생명에 의해 공급될 수도 있습니다.

– 토마스 아퀴나스

행동

하나님의 언약이 모든 생명체와 관련된 것이라면, 균형감을 되찾아 다른 생명체를 존중하기 위해서 오늘 무엇을 할 수 있습니까?
꽃나무, 풀 한포기, 한 마리의 동물 - 한 생명에 대해 묵상하는 시간을 가져보십시오.
모든 생명체와 보다 조화롭기 위해 무엇을 할 수 있을지 자신에게 물어보십시오.

기도

좋으신 하나님, 모든 창조물에 대한 당신의 사랑을 인정하고,
종(種)이나 신념 또는 색깔에 관계없이

모든 살아있는 생명을 위한 당신의 포괄적인 사랑을

숙고하도록 도와주세요. 아멘.

사랑의 하나님, 당신은 당신의 창조물 중

가장 크고 가장 작은 것 속에서 만유 안에 존재합니다.

당신의 부드러움으로 존재하는 모든 것을 감싸주십시오.

아멘.

37일차 무지개 약속

읽기

창세기 1:31

이렇게 만드신 모든 것을 하나님께서 보시니 참 좋았다. 엿새날도 밤, 낮 하루가 지났다.

여기에 자주 인용되고 왜곡된 성서의 인용문이 있습니다.

우리 중 많은 사람들은 이 구절을 인류가 하나님의 형상으로 만들어진 이전의 구절과 연결시킴으로써 수세기 동안 그 흔적을 놓쳤습니다. 가장 큰 유혹은 우리가 인간 중심적 편견에 넘어가, 인류는 "하나님이 만든 모든 것"이 아니라 하나님의 눈에 "아주 좋았다"라고 생각하는 것입니다.

이제 과학은 물리학, 화학 그리고 모든 섬세한 변형과 주기가 있는 전자기학의 경이와 아름다움과 위엄이 확실히 '참 좋았음'—하나님이 만드신 모든 것—을 이해하도록 도와주었습니다.

우리 자신을 모든 것의 중심에 두는 경향 때문에 그리고 우리가 하나님의 위대한 창조물에서 중심이 되지 않을지도 모른다는 의심 때문에 가난하고 늙은 갈릴레오는 심문받고 '투옥되었으며' 출판은 금지되었습니다.

마찬가지로 우리는 스스로를 자아 중심주의의 해로운 극치로 끌어올렸고 이제 우리 자신과 하나님이 매우 좋게 만든 모든 것에 커다란 불안과 고통을 가져다주고 있습니다.

지구는 우리에게 주는 신의 가장 큰 선물이고 창조적인 보살핌은 우리의 핵심 과제입니다.

우리는 이 통찰력을 이해하고 적용할 수 있습니까? 이것은 사순절 때마다 적절한 질문입니다.

인용

모든 창조물을 사랑하라,

그것의 전부와 모든 모래알을 사랑하라

모든 잎을 사랑하라
모든 빛의 광선을
동물을 사랑하라
식물을 사랑하라
만약 모든 것을 사랑한다면
당신은 지각할 것이다
그 안에 하나님의 신비를.
그리고 한번 그것을 인식하면
당신은 끊임없이 이해하기 시작할 것이다.
매일 점점 더,
그리고 당신은 마침내
온 우주적 영원한 사랑으로
온 세상을 사랑하게 될 것이다.

– **표도르 도스토옙스키**(Fyodor Dostoyevsky)

우리가 더 많은 지식을 습득함에 따라 사물들을 더 이해하는 것이 아니라 더 신비로워진다.

– **알버트 슈바이처**(Albert Schweitzer)

지구라는 행성은 과학적이고, 영적이며, 공간적인 차원을 가진 놀라운 힘의 폭발적인 복합체이며, 우주 속에서 망가지기 쉬운 거룩한 장소이다. 그리고 우리 각자는 이 귀중한 행성에서 살 수 있는 특권을 받았다.

– **노먼 하벨**(Norman Habel)

우리는 특별한 창조물이 아니며 자연에서 분리된 종일 뿐이다. 이것은 나쁜 신학과 윤리로 이끄는 나쁜 생물학이다.

– **제임스 내쉬**(James Nash)

행동

만약 당신이 투자를 하고 있다면, 매년 당신의 투자에 대한 감사를 실시하세요. 이 회사나 이 은행은 미래에 재생 가능한 세계의 기술에 투자하고 있나요, 아니면 아직도 화석 연료와 과거 시대의 기술에 관여하고 있나요?

기도

주님,

우리를 양육하고 보호하는 지구라는

하나님의 가장 큰 선물을 소중히 여기고 보호하게 하소서.

창조주 하나님,

당신은 모든 것을 만드셨고

당신이 만드신 모든 것은 아주 좋았습니다.

망가지기 쉬운 삶의 균형을

어떻게 존중해야 하는지 보여주십시오.

환경을 돌보고 멸할 힘을 가진 자들을

당신의 지혜로 인도하시여,

그들의 결정에 의해, 생명이 소중히 여겨지고,

미래 세대를 위해 선하고 유익한 지구가 보존되게 하소서.

우리 주 예수 그리스도로 기도하나이다. 아멘.

– 스코틀랜드 교회, 예배 패널(Church of Scotland, Panel on worship)

38일차 태도 혹은 정치를 바꿀 것인가?

읽기

로마서 1:20

하나님께서는 세상을 창조하신 때부터 창조물을 통하여 당신의 영원하신 능력과 신성과 같은 보이지 않는 특성을 나타내 보이셔서 인간이 보고 깨달을 수 있게 하셨습니다. 그러니 사람들이 무슨 핑계를 대겠습니까?

"따라서, 피조물 속에 들어있는 그러한 위대한 영광에 눈을 뜨지 못하는 이는 장님이나 다름없습니다. 그러한 위대한 외침에 대해 귀 기울이지 않으려는 자는 귀머거리입니다. 이 모든 것에서 하나님께 찬양을 드리지 않는 이는 벙어리와 같습니다. 그토록 많은 표징을 보고서도 제1 원인을 찾지 못한다면 그는 어리석은 자입니다. 그러므로 여러분, 눈을 여십시오. 여러분의 영혼의 소리에 귀를 기울이십시오. 굳게 다문 입술을 여시고, 모든 피조물 안에서 하나님을 보고 듣고 찬미하고 사랑하고 공경하고 송축하고 그 영광을 기릴 수 있도록 마음가짐을 가지십시오. 그렇지 않으면 온 우주가 여러분을 대항하여 들고 일어날 것입니다."

– 성 보나벤투라(St. Bonaventura)

인용

네 마음이 모든 창조물 속을 헤매게 하여라. 어디에서나 창조된 세계가 너에게 부르짖을 것이다. "하나님이 나를 만드셨습니다." 하늘을 다시 한 바퀴 돌고 땅으로 돌아가라. 모든 것이 여러분에게 부르짖는다. 아니, 창조된 것들의 바로 그 형태는 그들이 창조주를 찬양하는 목소리와 같다.

– 아우구스티누스(Augustine)

우주 그 자체는 하나님의 주요한 계시로 이해되어질 수 있다.

– 토마스 베리(Thomas Berry)

우리는 생명의 저자를 알 수 있도록 창조의 책을 읽게 창조되었다.

– 일리아 델리오, 프란치스코 수녀(Sister Ilia Delio, OSF)

우리가 자연계의 영광을 잊는다면, 신에 대한 감각도 잃는다.

– 토마스 베리(Thomas Berry)

행동

여러분은 플라스틱에 과일과 채소를 넣는 대안으로서, 메쉬 가방(그물 가방)이 구입하기 쉽고 만들기 쉽다는 것을 알고 있었나요? 다음번 야채를 넣어야 할 때, 슈퍼마켓에 가져갈 가벼운 메쉬 가방을 준비해보세요.

기도

하늘과 땅과 바다

산림과 바위를 통해,

성물과 교회 건물과 십자가

천사들과 사람을 통해,

유형과 무형의 모든 창조 세계를 통해,

창조주와 조물주요 모든 것을 만드신 오직 주님께

흠숭과 영광을 드리나이다.

아멘.

- 키프러스의 성 레온시우스(Leontius of Cyprus)

39일차 한계 없는 죽음

읽기

창세기 2:16~17

이 동산에 있는 나무 열매는 무엇이든지 마음대로 따 먹어라. 그러나 선과 악을 알게 하는 나무 열매만은 따먹지 마라.

그것을 따 먹는 날, 너는 반드시 죽는다.

1990년대 중반, 탄자니아 음베야의 성공회 주교는 제 영적인 눈을 조금 더 뜨게 해주는 약간은 고통이 따르지만 유익한 수술을 해주었습니다. 그분은 이 성경구절을 '한계점'으로의 부름으로 해석했습니다.

그의 설명에 의하면, 하나님께서는 경작을 위한 땅을 인자하고도 놀랍게 준비해주셨다는 것입니다. 하지만 당신이 신성함이 전혀 없이 탐욕스럽게 그 땅의 영양분과 부식토를 취하려고 한다면,

'너는 반드시 죽는다'는 것입니다. 그리고 그는 탐욕에 대한 우리 인간의 기본 입장은 자신이 명명한 '한계점의 법칙'에 따라서 제한될 수밖에 없다는 점을 계속해서 강조했습니다. 탐욕과 죽음이 아니라 밸런스와 하모니가 중요합니다.

인용

만약 인간이 그들이 자연을 대하는 식으로 타인의 개인적 자산을 대한다면, 우리는 그런 행동은 '반사회적'이고 '불법'이라고 평가할 것이다. 우리는 그에 대한 합법적 제재와 보상을 기대할 것이다. 우리가 자연계에 저지르는 그러한 범법 또한 죄악이라는 것을 언제쯤 깨닫게 될까?

– 동방정교회 총대주교 바르톨로메오

(His All-Holiness Ecumenical Patriarch Bartholomew)

토양은 삶의 위대한 연결자이다. 모든 것의 근원이자 종착지이다. 토양은 치료자이고 회복자이며 다시 살리는 자이다. 그것을 통해 질병은 건강으로, 노화는 젊음으로, 죽음은 삶으로 옮겨간다. 토양에 대한 적절한 돌봄이 없이는 우리 공동체도 없다. 왜냐하면 토양을 적절히 돌보지 않는다면 생명도 없기 때문이다.

– **웬델 베리**(Wendell Berry, 1934~. 미국 1세대 환경운동가)

행동

당신이 즐겨 찾는 신문이나 TV 뉴스에서 환경 변화나 환경 관리 실패에 대한 진실을 오도하거나 전하려 하지 않는다면, 다른 뉴스로 바꾸고, 그 변경 이유를 해당 언론사에도 알려주세요.

기도

주님, 창조의 청지기인 우리가
인간의 필요에 대한 옹호를 먼저 하게 됩니다.
당신의 인도하심 안에서 믿음으로
우리의 탐욕으로 인한 해악을 고치도록,
하나님께서 다른 이들과 공동으로 주신 선물을
사용하기도 전에 말입니다.
성령님 우리를 도우소서!

40일차 시간이 되었다

읽기

전도서 3:1~2

무엇이나 다 정한 때가 있다. 하늘 아래서 벌어지는 무슨 일이나 다 때가 있다. 날 때가 있으면 죽을 때가 있고 심을 때가 있으면 뽑을 때가 있다.

전도서의 저자는 서로 다른 목적과 활동을 지닌 각각 다른 시간에 대해 나열하고 있습니다. 그렇다면 '이'(This) 시간은 무엇입니까? 기후 변화 해결을 위한 시간 — 확실히, 잠재적인 여섯 번째 멸종을 진지하게 생각할 때입니다. 그리고 우리가 계속 살려야 한다는 것은 아니지만, 우리는 이 행성을 보존하고 미래 세대가 누릴 수 있도록 하기를 원합니다.

우리 중 많은 사람들이 교회의 방향을 돌려서 과학계가 우리에게 지구 온난화, 해수면 상승 및 더 심한 기상 현상의 원인이라고 말하고 있는 것에 초점을 맞추고자 합니다. 이 문제를 무시하기보다는 다루는 것만으로 우리는 하나님께서 아주 좋았다고 선포하셨던 것을 보존함으로써 미래 세대에 대한 안전과 존엄성을 유지할 수 있습니다.

그리고 당신과 나에게 개인적으로 이 시간은 무엇을 위한 것입니까? 시간이 무엇이든 상관없이, 사랑과 존경심으로 크고 작은 모든 피조물을 돌보겠다는 그리스도의 부름에 응답할 때 하나님의 사랑은 끊임없이 우리를 지지해 주십니다.

인용

행동하지 않는 것의 가격은 실수하는 비용보다 훨씬 크다.

– 마이스터 에크하르트(Meister Eckhart)

창조와 피조물은 유한하고 일시적이다. 그들은 말씀이 아니므로 숭배 대상이 되지 않습니다. 그러나 그들은 하나님의 사랑받는 임재 장소로, 영적 현존과 거주의 방식으로 하나님께 사랑받고 있기 때문에 여전히 가치 있고 사랑받아야 합니다.

– 제임스 내쉬(James Nash)

성 프란치스코의 가르침에 기초하여 둔스 스코투스(Duns Scotus)는, 의식 있는 인간조차 존재하기 이전에 선하고 참되며, 온전하고 이미 하나님의 영광과 자유였던 창조를 위한 신학적 토대를 마련했다. 솔직히 말하면 '구원'은 단지 우리에 관한 것만이 아니다! 이것이 지금까지 잘 이해되었더라면, 이 작은 행성을 탈중심화하는 제2차 코페르니쿠스 혁명이 되었을 것이다.

– 리차드 로어(Richard Rohr)

행동

중고 쇼핑은 재미있고 적절한 옷을 찾기 위한 도전일 수 있습니다. 옷을 더이상 입을 수 없게 되면 세탁소나 고물상을 통해 옷을 재활용하세요.

기도

사랑의 하나님,

당신은 선물로 가득 찬 이 우주를 우리에게 주셨습니다.

우리가 당신이 지으신 모든 창조 세계를 경외하고,

모든 생물종의 권리와 구성원의 완전성을

존중하도록 도와주세요.

그리하여 모든 피조물이 영원토록 주님 안에 살게 하소서. 아멘.

하나님 우리를 도우소서

우리 세상이 어두워지고

보거나 알 수 있는 방법이 없을 때에.

신뢰할 수 있는 용기를 허락하소서.

만질 수 있고, 만져지며,

마음으로 앞으로 나아가는 길을 찾을 수 있도록.

아멘.

- 마이클 루닉(Michael Leunig)

좋으신 주님
우리의 탐욕과
그리고 모두의 이익을 위해
우리의 기대를 제한하라는 당신의 부르심을
인정할 수 있도록 도우소서.
아멘.